L'Homme premier

préhistoire, évolution, culture

人之初

人类的史前史、进化与文化

Œuvres Choisies

de la Pensée et de la Culture

Françaises Contemporaines

当代法国思想文化译丛

杜小真　高丙中 主编

Henry de Lumley

L'Homme premier
préhistoire, évolution, culture

当代法国思想文化译丛

人之初

人类的史前史、进化与文化

〔法〕伦默莱 著

商务印书馆
创于1897
The Commercial Press

HENRY DE LUMLEY

L' HOMME PREMIER

Préhistoire , Évolution , Culture

Éditions Odile Jacob , Septembre 1998

根据法国奥地勒·雅各出版社 1998 年版译出

本书出版得到法国外交部的资助

Ouvrage publié avec le concours du

Ministère Français des

Affaires Etrangères

当代法国思想文化译丛

出 版 说 明

　　法国思想文化对世界影响极大。笛卡尔的理性主义、孟德斯鸠法的思想、卢梭的政治理论是建构西方现代思想、政治文化的重要支柱；福科、德里达、德勒兹等人的学说为后现代思想、政治文化奠定了基础。其变古之道，使人心、社会划然一新。我馆引进西学，开启民智，向来重视移译法国思想文化著作。1906 年出版严复译孟德斯鸠《法意》开风气之先，1918 年编印《尚志学会丛书》多有辑录。其后新作迭出，百年所译，蔚为大观，对中国思想文化的建设裨益良多。我馆过去所译法国著作以古典为重，多以单行本印行。为便于学术界全面了解法国思想文化，现编纂这套《当代法国思想文化译丛》，系统移译当代法国思想家的主要著作。立场观点，不囿于一派，但凡有助于思想文化建设的著作，无论是现代性的，还是后现代性的，都予列选；学科领域，不限一门，诸如哲学、政治学、史学、宗教学、社会学、人类学，兼收并蓄。希望学术界鼎力襄助，以使本套丛书日臻完善。

商务印书馆编辑部

2000 年 12 月

目 录

序　言

　　没有哪个民族没有自己的起源传说。这些传说甚至塑就了各民族不同的文化特质。比如我们，《圣经》里的各民族，尽管都有着共同的"创世纪"，但随着后来各自在该传说中注入了不同的内容，从而互相区别开来。从东方学家和民族学家那里，我们也了解到他们所研究的许多民族的肇始故事。然而这些都是神话，尽管它们并未完全失去真实的一面。在这个千年纪即将结束之际，各民族杂融共处，可以说是"直接地"参与在有时甚至是悲剧的剧情之中，为这些传说增入新的插曲；此时，人们清醒地意识到，我们都属于一个共同的人类；我们相聚在共同的国际组织中，努力去消弭相互间的仇恨和世代的敌意；我们相逢在盛大的体育节日中，协力去驱散这些仇视与敌意。在这样的时刻，古人类生物学为我们展现了一个作为整体而和解的人类的共同的起源传说。我们自然还记得露茜的发现带给我们的兴奋与激动，以及我们对这个"黑色夏娃"的种种推测和遐思。

　　这一次，我们的叙说则是科学的，其材料均源于观察到的事实——我们遥远祖先的化石遗址。然而我们却并不想借此进行什么道德说教，也不是要给大家上人生的指导课。这本书既非古人类生物学的专业教程，亦非有关人类起源的理论著述。这是一本既平易又审慎的书：我们要展现给读者的，是有关该学科的具体材料和目前的研究现状，而不是去提出或构拟不符合实际的假说和知识。贯穿本书的主导思想是，不同种属的人类的体形在一定时空体系中相继出现或同时进行的进化过程与人类文化进程的对应关系。但这并不是由思辨得出的观点。

　　我们到底在发掘的遗址中发现了什么？我们发现的是人类的骨骼化石。这些化石时常与残留着使用痕迹后又被埋进墓穴或大型公共坟墓中的工具残片混杂在一起，或是被陈放在由环形石基遗址所组成的居所周围，或是还被置于被水流冲蚀而形成的山谷岩棚洞中。此类水流河谷，也是其他哺乳动物的饮水之处。而这些动物常被表现在用以装饰洞壁的岩画中，常令我们赞叹不已。

　　当我们把这些骨骼化石分门别类地进行整理，就能发现它们在形态上的区别——或粗壮，或纤细，或高大，或矮小。就头骨的情况而言，它们总是循着一定的规律发展，即脑容量的持续增大。我们通常也同时把与脑容量相对应的文化进程进行这样的划分：二百五十万年前发明了工具，四十万年前掌握了火的使用，约十万年前出现了最早的墓葬仪式并产生了宗教思想，约三万年前产生了艺术，公元前六千年开始了农业实践和动物的驯养，公元前三千年有了金属的制造。这一进化过程是否会因新石器人类——即现代人类——的出现就停止发展了呢？我们没有任何理由来这么认为。因此，极有可能的是，我们新石器人类在与另一个种属的人类共存一定的时期之后，最终将被他们取而代之。而对这个新种属的人类，我们已能知道的是，他们应该有更大的脑容量，从而能带给他们新的机能，新的本领，新的表现。

然而我们不可能生活在未来的时代,因而自然无从知晓人类的将来会怎样。这本书将通过对我们在东部非洲、地中海盆地周围、欧洲、亚洲、澳大利亚和美洲等地区不同地层出土的人体各部件的骨骼化石的重组与复原,展现给读者积木般的各个组合部件。我们将重构这些错综复杂的拼板,其间不可避免地会留下相当的空白待以后的研究去一点点地填补,去重组和重写这部多彩的历史剧。

在开始之前,我们有必要先熟悉一些术语,以便对人类进化不同阶段的参照年代有一个基本的了解。

年代（距今）	人类发展的主要阶段	史前文明分期	人类的进化
1 000		现代　　　　　中世纪	
	建筑堡垒	高卢-罗马时代　铁器时代	
5 000	生产经济　建造房屋和村庄、定居	青铜时代　　　铜器石器时代	
	农业、畜牧	新石器时代	
		中石器时代　Castelnovien	
10 000		塔尔德奴阿	
		马格德林晚期	
		阿齐尔	
15 000		马格德林	
20 000		格拉韦特晚期	
25 000		梭鲁特	
30 000			
35 000	用红色赭粉铺饰地面	旧石器时代晚期　格拉韦特	
40 000	发明艺术	奥瑞纳	
50 000		夏特尔佩洪	晚期智人
60 000			
70 000			
80 000	早期墓葬		尼安德特人
90 000	捕食经济：狩猎、采集、渔猎	旧石器时代中期	和
100 000		莫斯特	古典智人
200 000	出现有组织的露天营地		
300 000			
400 000			
500 000	掌握用火	旧石器时代早期	
600 000			
700 000			
800 000		阿舍利	直立人
900 000			
1 000 000			
1 500 000		古典石器	能人
2 000 000	开始出现住所		粗壮南猿
2 500 000	最古老的打制工具	古典卵石工具	非洲南猿
3 000 000			南猿阿法种
3 500 000			
4 000 000			拉米杜斯南猿
4 500 000			

人类形态和文化进化历程

第一章　树栖的两足动物

南方古猿的首次发现，要上溯到一九二五年。其时，约翰内斯堡微特瓦特尔斯朗大学的人体解剖学教授，利芒德·达特（Raymond Dart）正在南非特朗斯瓦尔省的一个叫作塔翁（Taung）的山洞进行发掘，在大量的哺乳动物化石中，他发现了一组灵长目动物的头骨，特别是其中的几个狒狒的头骨化石引起了他的注意。他观察到其中一个头骨的枕骨孔的位置靠下，因而认定它必定属于直立行走的个体。他把这个灵长目动物命名为"非洲南方古猿"（Australopithecus africanus，pithecus 意为"猿"，austral 意为"南部国家"africanus 意为"非洲的"）。

这一发现当时曾引起了相当多的研究者的怀疑，起初并未得到普遍的承认。然而，利芒德·达特及其后继者，比如罗伯特·布鲁姆和其他在南非工作的研究者，想要进一步证明的是，"南方古猿"不只是第一个两足行走的灵长目动物，而是，可以这么说，"第一个人"。

此后，在埃塞俄比亚，在肯尼亚，在坦桑尼亚以及南非等国，先后有许多南方古猿被公之于世。它们分布在一个巨大的地区中，范围所及，覆盖了整个非洲大裂谷所贯穿的东非和南非。这个地表上的巨大崩塌裂谷形成于渐新世末期。（图 1）

图1 南方古猿与能人主要遗存分布图

　　今天,许多种类的南方古猿已为人所知,即使是最古老的化石也已不再罕见。其中有一九九三年发现的一个新种,即南猿拉米杜斯种(Australopithecus ramidus)。该南猿因有多处化石发现而闻名于世:在阿瓦什山的中部山谷发现了多块头骨、颌骨和颅下骨骼化石,其年代被确定为距今四百四十万年;在图卡那湖(位于肯尼亚西南的路特·加母(Lothagam)发现了一个距今五百五十万年的颌骨;在路肯诺(Lukeino)出土了一枚距今六百万年牙齿化石;在卡那普瓦(Kanapoi)发掘出的一块肱骨化石,其年代可上溯到四百万年以前。这些都是目前已知的最古老的南方古猿。

另一个被命名为"南猿阿法种"(Australopithecus afarensis)的种型,是在坦桑尼亚的莱托利(Laetoli)和埃塞俄比亚的哈达(Hadar)发现的。正是在后一个遗址的地层中,出土了露茜的骨骼化石(AL288),其年代为距今三百一十万年。我们找到了这位南猿的很多化石残片。而且,在坦桑尼亚还发现了一些脚印及许多枕骨和零散的牙齿化石。这些遗址的年代,被确定为从莱托利的三百七十万年到阿法(Afar)的三百一十万年不等。

而"非洲南猿",这个最早出土的种型,应该是一个进化程度更高的种类。然而,要根据在塔昂洞穴中发现的化石来确定他的特征却并非易事,因为它们都属于一个儿童的化石。此后,一个被称作"Sts5"的头骨又被发掘出来,它无疑属于一个女性个体的头骨,年代被确定为距今三百万年到三百二十万年之间。

在这些化石之中,还应该再加上一个名为"南猿粗壮种"(Australopithecus robustus)的进化程度更高的种型。该类型中的一些南猿与最早的人类生活在同一个时代。比如,在南非被称作"傍人"(Paranthrope)的南方古猿,其体格非常粗壮,就与早期的"能人"(Homo habilis)属于同一时代;而在东非,还发现一个体形更为粗壮、有着巨大牙齿的种型,它被命名为"南猿鲍氏种"(Australopithecus boisei)或"奥杜韦五号人"(Olduvai hominid 5)。这些南猿之所以被称作"粗壮",是因为它们要比其他的种型粗大得多,尤其是它们具有硕大的牙齿,其中又以被磨损得如同磨盘的臼齿和小臼齿更为突出。就男性而言,其头骨上部结构粗厚,矢脊尤为突出。此类南猿化石,在南非特朗斯瓦尔省的斯瓦特克兰斯(Swartkrans)和克罗姆德莱(Kromdraai)以及东非的奥杜韦、图卡那湖东部及奥莫(Omo)均有发现。其年代被确定在距今大约二百万年到一百七十万年之间。一般认为,最后一批粗壮南猿约在一百二十万年前消失了,因为有几个遗骨化石是在奥杜韦遗址的第二层发现的。

南方古猿在非洲大陆曾有着广泛的分布。除了在南非、坦桑尼亚、肯尼亚及埃塞俄比亚等地已有的发现外,最近在乍得北部的德如拉布(Djourab)沙漠又有一些遗址被发掘出来,这一类古猿被命名为"南猿勃热尔加扎里种"(Australopithecus bahrelghazali)。

这些已知的不同种类的南方古猿相继出现在六百万年前到一百七十万年前之间。今天我们已能够对其中一些类别的典型特征进行描述了。比如拉米杜斯南猿,其身材矮小,应该在 80 厘米左右,其脑容量——这一点很难测算,因为化石是不完整的——应该是非常小的,比南猿阿法种的还要小,只有不到 300 立方厘米。对其枕骨的研究表明,它与大型猿猴有着明显的差别。举例来说,它的犬齿并不比其他的牙齿长,或者只是长出一点点,且没有齿间距,也就是说它的犬齿和第一个小臼齿之间没有空隙,这就使得它具有了已获得了两足直立能力的人科灵长目动物的种群特征。对一些骨骼化石的研究进一步表明,尽管这些南方古猿肯定还是树栖动物,如果说它们已经获得了两足直立的能力的话,那么这一能力还不是十分完善的。我们可以这样想象,在时有树木点缀的东非大草原上,这些只有 80 厘米高的小古猿,已经能直立行走,但它们的部分生活仍要在树上度过。

大量的南猿阿法种化石的发现使我们对其上述特征有了更为

清晰的了解。其身材高约 1.10 米到 1.30 米，因而其体型仍相对较小，但无疑比其先辈大多了；其脑容量介于 300 到 400 立方厘米，比拉米杜斯南猿大多了；面部宽大粗厚，仍前凸于头骨；四肢粗壮。由在坦桑尼亚靠近萨第芒（Sadiman）火山的莱托利遗址中所发现的一些脚印，我们得以了解到，他们已具备了两足直立行走的能力（图 2）。这些脚印先是被留在由火山灰形成的地层中，随后在雨水和太阳的综合作用下被凝固起来。这七十二个人科动物的脚印所展示的场景是，一个大人，可能是一个男性，正在缓慢地向北方走去；跟在他身后的，是一个身材矮小的人，可能是一个女性，在踩着前者的脚印往前走。紧挨着他们的，是一个蹦跳着的孩子，此刻他正在扭头向左看。对这些脚印的研究表明，其大脚趾与别的脚趾呈并列状，就和人类的一样；而且，留在地上的脚弓印痕具有和现代人完全相同的特征。然而，就其骨骼的某些形式而言，特别是肩胛骨，还有上臂与前臂的连接点，以及骨盆的形状，尤其是脚骨形状等，使我们觉得他们的大部分生活是在树上度过的。

"非洲南方古猿"是另一个进化程度更高的种型，其体型更高，已达 1.30 到 1.40 米。在整个头骨中，其面部总是明显的前凸（图 3）。

"南猿粗壮种"的几个类别相互间都非常接近，尽管该猿的东非型要比南非型大一些。其身材已达 1.50 米左右；脑容量约计 550 立方厘米；面部粗犷，正面的颧骨使脸部略现平坦；眶骨前凸，呈粗厚的横条形；臼齿巨大，表面磨损严重。这是植食性动物（食草、谷物、根茎，尤其是禾类植物，此类植物的硅质条茎能使牙齿受到严重的磨损）的典型特征（图 4、图 5）。

图2　26米长的南方古猿足迹印痕,坦桑尼亚,莱托利

图3 非洲南猿头骨,斯特科封丹,南非

如果我们想现在就去追溯人类的起源,追溯第一批人类的足迹,我们会遇到很多的困难,因为人类早期的化石相对而言还是较少的。虽然拉米杜斯南猿的发现使我们更接近了人类的起源,但是,剩下的路程仍相当遥远。分子生物学方面的古生物学家一直在试图通过对这些最早种型的人科动物何时与大型猿类分离的研究,来重构人类的系谱树。

他们首先计算了现代人和现代大型猿类之间的基因间距,特别是与狒狒之间的差别,因为人类和他们有百分之九十五的共同基因。然后,按照进化与时间发展成正比的对应原则,按照基因突变的比率是真正的分子时钟的原则,他们已经把最早的人科动物和其他的灵长目动物的分离时间上溯到了一千万年前和七百万年

图4　FLKNN 1 号遗址,奥杜韦,坦桑尼亚

前之间。这一计算结果还有待新化石的发现来确证。

　　上述的小型两足灵长目动物明显地区别于大型的两足灵长目动物。尽管前者还不是完全的两足动物,而且还部分地生活在树上,但却表现出大量自身特有的解剖学特征,其中首先是双足直立的姿势。另外,它们的犬齿也已退化,不再超出其他牙齿。双足直立姿势的获得促进了其整个骨骼结构的改进,特别是盆骨形式、后肢构造、前肢各部分间的关系等更为明显。它同时也引发了大脑的发展,其脑容量越来越庞大,即从拉米杜斯南猿的略少于300立方厘米到南猿阿法种的400立方厘米,到非洲南猿的450立方厘米,再到南猿粗壮种的500至550立方厘米。

　　我们可以设想,在它们之间,一种渐进的进化过程促使了拉米

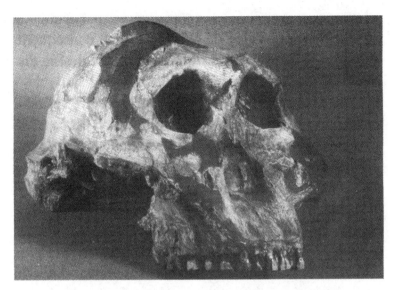

图5　东非人(Zinjanthrope)头骨,奥杜韦,坦桑尼亚

杜斯南猿向其后继者南猿阿法种,而后向非洲南猿的逐步演化。但在很早的时候,无疑从南猿阿法种这一种型开始,就开通了一条导向粗壮型南猿演化的新的进化途径。然而,在这些种群中,没有一个能跨入人类的门槛,因而不能被认为是真正的人类。

　　比如,这些个体会说话吗? 对一些南方古猿,特别是对 Sts5号,即非洲南猿(她展现给我们的是十分完整的形象),以及对在图卡那湖东部与在奥杜韦发现的一些南猿粗壮种的头骨基部的研究表明,这些头骨的基部还没有形成能够清晰发音所必需的声带褶皱。换句话说,这些个体还不具有足够低的喉部和足够大的咽道来发出清晰的语言。另外,对留在神经表面的内分泌印痕的研究也表明,大脑皮层的语言区,特别是 le cap de Broca 和 Wernicke

区,还没有清晰地形成独有的特征。因此,所有这些事实都使我们相信,这些树栖的两足动物尚不能运用清晰的语言。

而且,与这些种型的人科动物——哪怕是其中一种——有关的任何打制工具,迄今也未被发现。我们由此可以推想,如同今天的大型猿猴一样,它们所使用的是石块或卵石。迄今为止,在有关此时期石器的所有研究中,所涉及的物体都是它们利用的物体,而非有意打制的工具。研究者们曾一度认为南方古猿应该能够拥有工具,但已有的证据都表明,这一说法是站不住脚的。目前所知的世界上最古老的打制工具不超过二百五十万年,这就排除了所有南方古猿最古老的始祖——拉米杜斯南猿、南猿阿法种以及非洲南猿——拥有工具的可能性。这并不是先验地排除南猿粗壮种这一始祖猿已拥有了工具,不过这已经是"能人"(Homo habilis)了,其典型特征正是制造和使用工具。由此我们可以认为,所有的南方古猿都未曾制造工具。

人类和这些不同类别的远古祖先所拥有的共同点,可能只是两足直立的能力。这一移动方式构成了人类进化的一个极其重要的因素。而这一能力的获得极有可能是与生活方式的改变联系在一起的。这自然不是一蹴而就的,而是逐步演化而来的,因为最早的人科动物还偶尔栖息在树上。

这一能力也促成了人体骨骼的深刻变革。首先,它们的后肢变长了,变得比前肢大了:股骨增长了,而前肢则由于在行走中较少使用却变得短小了。脊柱也变了样,原来的由颈椎弧通向脊背弧的结构变成了四个凹状和凸状交替出现的脊椎:即颈椎弧,脊椎弧,腰椎弧和骶椎弧。头骨则平衡地处于脊柱的顶端,能环绕通过耳部的前庭轴转动,枕骨移到了头骨的下部,而前凸的面部则相应缩进。这一变化还将促进头骨的连锁进化:原来紧贴头骨的肌肉渐变得松弛起来,原来紧连的头骨将会涨扩,而神经也将会变得越来越宽厚。

但两足直立姿势所具有的决定性的重要性是解放了双手。从行走任务中解放出来的双手将与大脑神经系统直接联系在一起。正是通过它们之间的协作,即大脑的概念化指令和手的付诸实施,才使得终于有一天出现了第一个能人制造的工具。在这个阶段的进化中,这一联系起到了先决的作用。在由猿到人的进化过程中,曾有过几次重大的革命性进程,即双腿直立姿势的获得,手的解放和大脑的发展。

非洲南猿所具有的450立方厘米的脑容量,和大型猿类所具有的脑容量相差无几,但我们还应该注意到它们在体格上的差别,大型猿类动物可高达2米,而人科动物却很少能超过1米。然而脑容量并非大脑进化的惟一因素,大脑结构的复杂化是另一个重要的因素。不过,对颅内印迹的研究表明,这些人科灵长目动物的大脑已经比猿类的大脑复杂多了。

直到最近,相关的研究才使得我们推测出这些灵长目动物还生活在开阔的地带。事实上,渐新世的酷热期大约结束于二千万年到二千五百万年之间。这就充分说明,从中新世的初期开始,就有着十数种大型猿生活在东非,特别是中新世时期的化石类人猿(Proconsul majeur)很有可能是大型猿类动物和人类的共同祖先。在整个中新世,东非渐变得不再像过去那么湿润了,森林减退,大型猿的种类也锐减下来,由原来的十数种减少到只有所知的两三种。到了约五百万年前,在中新世结束和上新世开始的交替时期,第一批人科动物出现了,然而,他们出现在什么样的环境之中呢?

他们的环境要比渐新世的热带森林开阔得多,但如果说他们已经出现在少树的大草原还为时过早。就近期的考古发现而言,无论是南非的斯特科封丹(Sterkfontein)和马卡潘斯加特(Makapansgat)洞穴,或是在埃塞俄比亚发现拉米杜斯南猿的洞穴,还是在乍得发现勃热尔加扎里南猿的洞穴,都清楚地表明,这些地区的景观并不像我们预想的那样开阔。也就是说,他们更像是在森林和潮湿的环境中,才迈出了人类的第一步。他们之所以能够直立起来,并不是因为生活在大草原中需要从草丛中抬起头来,而是出于身体演化进程的需要,这使得他们最终获得了直立的姿势。这一能力的获得,是在有树的草原地带或渐渐稀疏的森林地带完成的。惟其如此,也就说明他们直立的双足,并不单单是由偶尔为之的树生生活形成的。

尽管我们发现了洞穴遗址,但并不意味着这些南猿已生活在山洞里。达特曾在塔翁洞穴及此后他数度发掘的马卡潘斯加特洞穴中,发现了许多南猿头骨,尤其是他称之为“普罗米修斯南猿”(Australopitheque prometheus)的头骨。他甚至相信,他所发掘的黑化的动物骨头化石——他误以为是火烧而致——表明这里的人科动物已掌握了火的使用,已成为大草原的主人。他甚至还认为,这些骨头化石是该猿在杀食大型猿类和大型食草动物时抛扔在遗址周围的。简而言之,他认为这一南猿已经成为食肉动物。实际上,他所涉及的只不过是经锰化而形成的带色骨头化石。他甚至还在被砸断的骨头化石中错误地“发现”了一个猿人制作工具的场所,他称之为"osteodontokeratique"。我们今天已清楚地知道,这根本不是工具,而是被食肉动物折断的骨头。这些人科动物还不是狩猎者,他们所磨坏的牙齿表明他们不是肉食动物,而是植食动物。他们或许有可能在食用小型动物、昆虫或小的爬行动物时也获得了动物蛋白。他们还没有生活在这些洞穴里,大部分的动物骨骼化石,包括他们自己的骨骼,都是由鬣狗拖进洞里的。

从进化的观点来看,基本的事实是,这些小型的灵长目动物肯定完成了双足直立能力的进程。起初,他们是树栖的,随后,在适应双足行走的过程中,在直立行走越来越好的过程中,渐渐褪去了树栖动物的特征。

第二章　第一个人

　　一九六〇年,在距今约一百七十五万年前的奥杜韦普里纳一号(PLINN 1)遗址中——这里曾发现了东非人(Zinjanthrope),即粗壮南猿——菲力普·托比亚斯(Phillip Tobias)和路易斯·利基描述了一个新种头骨的一些残片,他们称之为"能人"(Homo habilis)。在同一地区,在同一群落生境中,曾同时生活着粗壮南猿、食禾类动物以及这些身材细小的最早的人类。

　　此后,在相当多的地区都有能人相继被发掘出来,其地理分布与南方古猿的发现地域基本吻合:在埃塞俄比亚,有奥莫峡谷和中阿瓦什地区;在肯尼亚,则主要集中在图卡那湖的东部和西部地区;在坦桑尼亚,诚如我们已经看到的,奥杜韦地区则极为重要;近期在马拉维(Malawi)地区和南非均又有发现,特别是南非的斯特科封丹遗址的上层,而在这一遗址的下层曾发掘出纤细南猿和非洲南猿。因此,能人的分布范围与南方古猿的分布范围大致相当,也有可能更广一些。但是,就目前的考古发现而言,我们还不能清楚地区分他们各自的领土范围。

　　能人的身份一直是一个争议很大的问题。菲力普·托比亚斯和路易斯·利基对其所做的界定先是被学术界所接受,但随后,能人的种属单位却受到了质疑,甚至连他的存在都成了问题。特别是到了后来,当一个有着更为厚壮牙齿的新种——即南猿诺多尔方种(Australopithecus rudolfensis)——被发掘出土后,他的种属就更成了一个难以确定的疑点:他到底是属于能人的一个亚种、一个接近但又区别于能人的种型呢,还是根本就不属于粗壮南猿,甚至不属于发掘出的变得更为粗壮的非洲南猿。尽管存在着这些争议,我们还是可以说,能人是继南方古猿之后出现并与最后一批南方古猿同时并存的一个新种,并以其纤细的体形和更大的大脑区别于南方古猿。

就目前我们所了解的情况而言,最古老的能人可追溯到距今二百到三百万年前,可直接追溯到二百五十万年前的阿瓦什峡谷。而最晚近的能人,是发现于奥杜韦的第二地层距今一百三十万年的第十三号人(Homo 13)。因此,能人应该是存在过一百多万年。值得注意的是,在能人的起源时代,即二百五十万年前,仍有非洲南猿活动,但同时也出现了最早的南猿粗壮种。从二百万年前到一百七十万年前,能人曾与南猿粗壮种同时并存。到了约在一百六十万年前,非洲南猿消失了,但能人仍与粗壮南猿和最早的直立人(Homo erectus)共处并存。因为最早一批直立人的年代,如第1500号和第3733号人(Homo 1500, 3733)等,分别为距今约一百五十万年、一百六十万年和一百六十五万年。因此,能人是与最后一批南方古猿和最早一批直立人共同生活在同一个时代的(图6)。

能人的体形不十分大,然而还是要比南方古猿高大些。所有的材料都表明,其身高在1.25到1.50米左右,体重只是介于30到40公斤。后来我们又发现还曾存在过另一种体形更大的能人,特别是在奥杜韦峡谷发现的能人中,有一个高约1.60米。这似乎

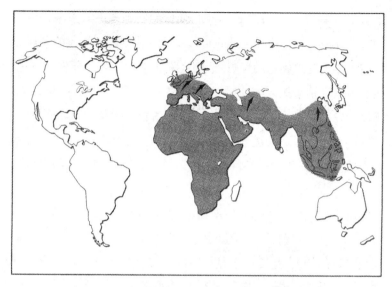

图 6　直立人离开非洲摇篮,向温带地区扩张形势图

表明在能人中,曾存在过一个较大的种型。如果确实是这样,其种属分类单元的划分问题就应该重新考虑。

迄今所发现的能人头盖骨都表明,他的大脑体积更大,已超过600 立方厘米。这一脑容量标志着大型猿或人科动物与真正人类的分野。但能人各个体间的脑容量差别却很大,由 600 到 775 立方厘米不等。事实上,在图卡那湖发现的第 1470 号人(Homo 1470)的脑容量就达到了 775 立方厘米。

就有关头骨的形状来看,我们观察到其前额已开始出现,不过还只是雏形,形状极低平且后倾,眉脊已在眼眶上方形成,颧骨仍然向前突出,脸部前凸明显。因此,能人的特征证明了一种渐进的进化过程,即南方古猿的延续进化。他尽管不同于非洲南猿,但仍然表现出一种延续性。

　　能人也因此完全获得了直立的能力。他们已是十全十美的两足动物,已彻底地放弃了树栖生活。在奥杜韦的第一地层曾发现了能人的一个脚骨化石,显示出他们已形成了很好的脚弓,有着横向和纵向的双向弧线。另外,其骨骼的其他部分也表明,他已经是彻头彻尾的人类了。

　　那么,他的种系发生点应该确定在什么位置呢? 虽然不同的古人类学家为他们构拟了许多系谱树,但我们还是可以说,能人从起源时代开始就属于南方古猿进化的延续体,其典型特征是获得了双足直立的能力,并逐渐地放弃了树栖生活。正是在这双重特质的作用下,南方古猿才得以在体质上完成了向能人的进化。然而,就脑容量的发展来看,与南方古猿相反,能人的脑容量却标志着人类进化的一个转折点。

　　一方面,尤其是在面部骨骼进行重构的作用下,其脑容量得到了持续的增长。大脑的高度也增加了,前额开始形成,头骨能够绕着 Vestibien 轴,即穿过双耳或半圆形轨道的中轴,进行上下转动。这一转动是由头骨后部下方的旋转带动的,同时在头骨前部的下方也产生了面部冲压。大脑的形状也因此发生了变化,它的长度缩短了,但高度和宽度却增加了。与此同时,大脑本身也得到了进一步的发展。

　　对颅内印痕的研究使我们可以了解到脑神经的凸起形状。就这一点来看,能人大脑前部的进化取得了一个决定性的小变化。事实上,语言区(即左额回上方的 Broca 区的和左颞回上方的 Wernicke 区)的出现是显而易见的。腭骨也在较深处产生了,这就使得舌头能够进一步平铺开来,并发出清晰的声音。另外,我们在上面谈到的环 Vestibien 轴周围的转动,也使得在已经具有了非常人化声道的大脑底部形成了褶皱:食道扩大了,喉部也相应下移。这一点我们下面还会谈到。

即使史前史学家永远发现不了语言的化石——乔治·沙巴克(Georges Charpak)甚至认为,将来某一天把早期人类的声音以曲线形式复制在磁密纹唱片进行辨识不是不可能的——但是,就能人的体质构造而言,他们还是为我们提供了为数不少的非常原始的清晰语言的化石。

但尤为重要的是,能人与早期工具产生了密不可分的关系。南方古猿还没有制造工具的能力,他们虽然能够使用一些物体,比如石块和木棒,但这些都是利用物,而非人工制造的工具。工具是人工制造的产品。出于使用的需要,比如切削、割砍、修琢等,人类发明了工具。它是将某种设想或设计——也就是说一种先期的模式即精神产品——付诸实施。

我们迄今未能发现木制工具,但能人肯定已能够制造木质工具,尤其是木制的长矛。然而能够保留下来的只能是石制工具。要把一块石头加工成可用的工具,人体的动作和姿势就必须遵循一定的程式,而这一程式也就意味着一种技能。工具证明了概念化思维的出现。它把一个新的维度,即文化的维度,引入到宇宙的历史之中。

大量的观察证明,动物能够使用自然物体来进行某些工作。比如嗜吃白蚁的黑猩猩,会设法把细树枝插进白蚁洞里,等着兵蚁爬满后再抽出来享用。生活在北美太平洋海岸上的海獭,要食用大量的瓣鳃纲软体动物,为了打开贝壳,它们会先去寻找体积较大的石块,然后把石块抱在胸前走回去,并在水中维持着这样的姿势,这样它就能成功地把夹在爪子里的贝壳在石块上敲开食用。加拉巴高斯(Galapagos)岛上的一种燕雀还长着未分化的啄嘴,为了弥补啄嘴不够长的缺陷,它们会把棘刺折断用作钩子,去拽出寄居在树木空洞中昆虫的幼虫。

然而,在动物使用的手工物件和人类制造的工具之间,却存在着极为重要的区别。对动物来说,他们所使用的物件转瞬就会被忘掉,永远不会被保存起来,也不会被改进。与此相反,人类却总是在不断地改进着他们所设计的工具。它已不再是瞬间行为中双手的简单延伸,而是人类特有的概念化思维的证明。

在工具没有被发明以前,人类的进化一直是围绕着体质的轴心进行的,即朝着持续的复杂化方向发展。随着工具的出现,人类的进化又拓展出了另一个轴心,即文化轴心,它也同样是朝着不断增长的复杂化方向发展。人类的历史因而就像是一场接力赛,文化的进化随着体质在第一时间里的进化而产生。但此后,体质进化放慢了速度,而文化的发展则突飞猛进。今天,文化的进化已超过了生物进化的发展。今天的我们和生活在三万年前的人类在形体上几乎没有什么区别,但在文化上却存在着巨大的鸿沟。伴随着清晰的语言和制造的工具,人类文化的传奇已经走过了漫漫二百五十万年的旅程。

目前我们所知道的最古老的工具,均出现于二百万到三百万年前。比如在奥莫峡谷的一个遗址中,即让·沙瓦雍(Jean Chavaillon)所发现的奥莫71号遗址中,从二百三十万年前的地层中出土了几个经过打制的石英石(图7)。此后,在非洲的不同地区,也有一些工具被陆续发掘出来。比如,阿瓦什中部峡谷的工具有二百万年的历史,图卡那湖西部的工具介于二百二十万和二百三十万年之间。最古老的打制工具是在埃塞俄比亚哈达地区阿法遗址群中卡达·高纳(Koda Gona)出土的,其年代被确定为距今二百五十万年前。

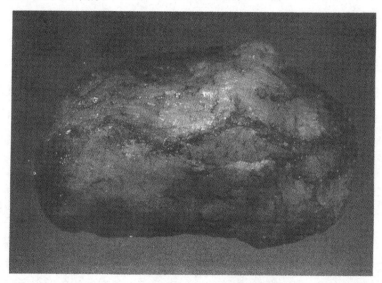

图 7　砍斫器,奥莫 71 号,埃塞俄比亚

　　最早的工具是能人在生活区附近所找到的较大的石块。这些石块分布在周围几百米、有时是几公里的范围内,但决不会太远。它们都属于坚硬的石料,其中最古老的是石英石,有时也会是石英岩,有可能还会是玄武岩。能人把卵石或其他石块用作原材料,然后用另一个石块作为砸击器进行撞击,从而得到石片(éclat)。如果剥离出的石片刃部都很锋利,那么在切割皮肉或是砍削木料等材料时就会极为便利。在打制卵石时,他们也很可能通过用石片整修刃部而制造出原始石斧类的工具。其锋刃可以只整修在一面——这就是石斧(chooper),也可以整修在两面——即砍斫器chooping-tool。这两类原始石斧常被用来砍切食用动物的关节,因而在早期人类的生活方式中肯定扮演过极为重要的角色。在与能人同时代的地层中,还发现了被称为"球状器"(sphéroïde)或"多面器"(polyèdres)的多面扁状球形器。这类石器应该是作为撞击或投掷用的工具。

这些最早的人类有着与南方古猿不同的生活方式。其时气候变得愈为干燥,周围的环境也愈为开阔,而森林大为减退。他们已根本不再是树栖动物,而是居住在开阔地带。在一些地区,许多重要的基本营地已被发掘出来,这证明人类已拥有了自己的居住地。大型猿没有自己的基本营地,而是走到哪儿睡到哪儿。大猩猩同黑猩猩一样可以在树上筑窝,或是在森林边构棚过夜,但却不能建造任何哪怕是稍微有一点持久性的住处。而能人却筑起了真正的屋舍,每天晚上都回来过夜。比如,在坦桑尼亚奥杜韦的 DK 1 号遗址中,就有一个直径为 8 米的圆形营地,是用被冲到这一地区的玄武岩石块筑成的(图 8 和图 9)。

这一生活模式意味着责任的分工:男人负责食物的供应,而女人则照顾孩子。这些早期人类事实上是极易受到攻击的。他们生活在开阔地带,不再有大树可以避难。他们不像大型食肉动物那样具有獠牙和利爪一类的天然武器,也没有食草动物那样伶俐的双脚来进行自我防御。幸而有了工具,他们才得以弥补先天的

图8 营地，DK1，奥杜韦，坦桑尼亚

不足。

对能人牙齿的检测表明，他们已开始食用肉类食品。这是他们区别于南方古猿的地方。其牙齿比粗壮南猿更为细小。除了形状方面的差别外，南方古猿的臼齿的珐琅质多有横的或斜的条痕，这证明它们的植食性特征，而能人却正好相反，臼齿的表面多呈直的条痕，说明他们以肉食为主。

这是进化连环中的又一个分界点，因为这是人类或灵长类动物群体第一次开始以肉类为主食。尽管人们也确实观察到了黑猩猩也食用动物尸肉，但只是作为辅助性的食品，而对于能人来说，诚如其牙齿的磨损情况所证实的，动物尸肉构成了他们的基本食品。

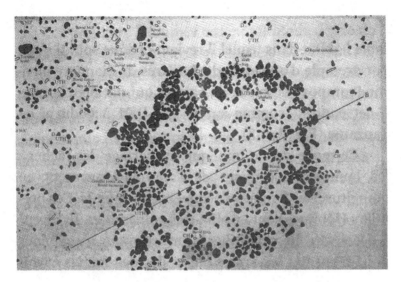

图9 DK1 遗址中由石块组成的环形图，奥杜韦，坦桑尼亚

能人先是一度被确定为狩猎者，但事实表明，他们更像是尸食的群体。

在大量的能人遗址中，也发现了许多动物的骨骼化石。这些化石动物的死亡曲线与普通动物的自然死亡曲线非常相似，即幼兽与老兽的死亡率较高，而壮兽的死亡率较低。与此相反，对于被猎杀动物来说，壮兽的死亡率总是占绝对多数。这一统计比率足以说明，能人是吃食动物尸肉的群体。另一个证据是大型动物骨骼的发现。比如，在图卡那湖东部曾出土了一个完整的河马骨骼，周围有许多石片工具。这些能人怎么能具有成功猎杀一匹河马的能力？很有可能的是，这匹河马是自然死亡的。另外，这些早期人类已经能够把大型食肉动物，如狮子、豹子及鬣狗等所抛弃的其他动物的遗骸据为己有。他们自己所能猎杀的,几乎全是易于捕捉的小型动物。

这一早期人类所具有的最明显的特质,是他们获得了清晰的语言,发明制造了工具,并建造了最早的基本营地。这三项发明事实上是一个密不可分的整体,同时也是对社会生活进行重新组合的明证:他们必须先去寻找石块,然后再制造出多种工具,用来切割兽皮、肢解大型动物的骨架以及砸断骨头等。因为他们已经成为食肉者,尤其嗜食骨髓。因此他们肯定有食用动物尸肉的习惯,或许有时也从事一点儿狩猎活动。

只有鬣狗会把猎物的骨头弄断,其他猫科动物和狮子、豹子等则永不会这么做。即使小绵羊和羚羊已经被狮子撕吃殆尽,也总会留下一点剩余,至少还会有骨髓,有时还会有脑髓。能人已肯定开始寻获大型食肉动物留下的残余物。最后,这些早期人类无疑也是最早的狩猎者,渐渐地,他们通过真正的狩猎活动,逐步取代了寻食动物尸肉的习性。

因此,工具的发展、技术的发明和食物的获得这三者,是可以被联系在一起的。另外,我们同样可以在人类骨骼的进化和肉食习惯二者之间建立起联系。人类的骨骼变得更为高大,脑容量也进一步增加。最后,社会环境的变革也与人类的这一进化紧密相关:人类离开了森林,在险象四伏的大草原上安下身来,从而也在营地中形成了最早的社会组织。这一生活模式与南方古猿极为不同,后者虽然也能用双足行走,但仍要时不时地栖息在树上,还要在森林边,在树上躲灾避难。而能人却彻底地离开了森林。

就目前所知的情况而言,能人的分布地域与最后一批南方古猿的分布范围大致相当,但据此我们可以推测,他们的活动范围将很快扩展到越来越广的地域。不过,能人将会被一百六十万年前出现的名为"直立人"(Homo erectus)的新人类所取代,而那时能人还没有完全消失。在此后的时代里,直立人将向非洲大陆进行真正的全面扩张,并将成为第一批真正人科的人类。他们也将是第一批离开非洲大陆的人类,我们将会在东南亚,在亚洲,在欧洲的南部海岸与他们重逢。

第三章　伟大的狩猎者

　　第一批直立人出现在与能人相同的地域内，即非洲东部和非洲南部。目前已知最古老的直立人的年代为距今约一百八十万年至一百五十万年前。在图卡那湖西部和东部，在库比·佛勒（Kobi Fora）地区，特别是在可耐迈 3733 号（KNMER 3733）遗址，均有直立人的化石发现，如头骨（ER3733，ER3883）、颌骨、髋骨、股骨、胫骨、肱骨等。同样在图卡那湖地区的多处遗址中，特别是在纳理奥科托姆（Nariokotomé）遗址中，也有一些完整的骨骼化石被发掘出来。另外，在南非，特别是在斯瓦特克兰斯（Swartkrans）洞穴的上部地层中，也有一些骨骼化石出土。由于其年代的近似，这一人类以前被称作"塔朗特罗普斯人"（Talentropus）。在奥杜韦的第二地层顶部介于一百一十万年到一百二十万年前的堆积中，路易斯·利基也曾发现了一个古老的直立人，他当时命名为"小约翰"，即"奥杜韦 9 号人"（Oduvai Homo 9），它眼眶上部的眉嵴相当发达，标志着他已属于直立人。此后，直立人的数量越来越多，分布范围也越来越广。在离开非洲大陆前，即在一百六十万年到一百万年之间，他们已占领了整个非洲大陆。

　　还有一些生活在年代很晚的直立人，比如埃塞俄比亚的勃多（Bodo）人，其年代可能距今四十万年到五十万年，还有阿尔及利亚的特尼芬(Ternifine)人,在那儿发现了可能距今约五十万年到六十万年的一个顶骨和三个颌骨。二者的年代都未能被准确地界定。然而在东非,特别是在大峡谷地区,由掺混在不同的文化堆积层中的火山灰,我们可以准确地确定一些遗存的年代。不过,情况并非总是如此。

直立人已经是人类了,他的典型特征是脑容量已达到了平均1000 立方厘米,介于 850 到 1250 立方厘米之间。他的头骨显得又长(长头型)又低(扁头型);额骨后倾且略略凸起;顶骨扁平且呈方形;枕骨略呈棱形,且有一个多少有些发达的枕骨骨突;眼眶既大且深,并在上部形成明显凸起的眉嵴;面部既高且大,呈变形的凸颌;鼻孔很大;犬齿的臼窝甚不明显甚至缺如;颧骨巨大,位于面部正方,这就必然使得颧颊高凸;整个头骨通常不再有像粗壮南猿那样的矢状嵴,但却有一个小的嵴环,中线呈流线形,骨壁甚厚。

他的颌骨粗壮,既长且厚,上扬的骨枝又大又高又直;骨部联合低平,下巴还没有形成。他的牙齿与现代人的非常接近,但更为复杂,显得尤为粗大。他的第一个臼齿比第二个要小,第二个又比第三个小,而现代人却正好相反,第一个臼齿比第二个大,第二个又比第三个大。

他的颅后骨骼,即头骨下部的骨骼,与智人(Homme sapiens)相差无几,不过还是呈现出一些粗壮型结构的特征。比如,他的股骨较厚,骨突明显;髋部和肩部也必然更为宽大。虽然如此,我们还是能够看出,随着时间的推移他所表现出的非常清晰的纤细化倾向。

最后,直立人的体格比能人更为高大,其平均身高已达 1.60

米,最高可达 1.80 米。

他们是最早一批离开人类非洲摇篮的种群,时间约在一百三十万年前到一百二十万年前之间,其时他们已经征服了整个非洲大陆。在此以前,世界的其他地区很有可能并不存在比直立人更为古老的人类遗迹和石器工具。虽然时有新发现的更古老的工具公之于世,并且也有一百八十万年前的牙齿和头骨化石被提及,比如在中国和印度尼西亚等地,但这些发现都缺乏确凿的证据。就工具而言,它们或是被误认为与石器制造有关,或是被误认为打制工具,但事实上这些出土物并非真正的工具;就断代而言,它们或是对地层情况的正确断代有误,或是由于其断代并没有与化石直接联系在一起。就目前我们所知的情况而言,直立人似乎应该是在一百三十万年前才到达东亚、东南亚和欧洲的。

另外,在非洲以外所发现的其他最古老的人类遗迹,则位于约旦河谷的近东。这里曾是东非大峡谷没有间断的自然延伸,因为那时红海还没有形成。在提贝利雅得(Tibériade)湖东部的于贝加(Ubeidya)遗址中,曾出土了一个古典式的燧石工具,其年代为距今约一百六十万年。

最近,在格鲁吉亚的第比利斯东南约八十公里处的德马尼斯(Dmanisi)遗址中,出土了一个保存十分完好的人类颌骨及其全部牙齿,同时出土的还有一件介于一百六十到一百八十万年前之间同样古老的古典式工具。这一遗址可以被认为是直立人离开东非大峡谷向欧亚大陆远征的先头部队。

这些直立人的足迹很快就遍布了整个旧大陆。他们的遗迹最早是在东南亚(图 10)被发现的。自 1891 年起,荷兰医生厄日

图10 梭罗河,爪哇岛的特里尼尔,印度尼西亚

纳·杜布瓦(Eugène Dubois)就在爪哇岛的特里尼尔(Trinil)先后发掘出一个颅顶骨(Trinil II),一个股骨(Trinil I)和三个牙齿等化石,并把它们归入一个介于猿类与人类之间的中介种。因为那个股骨化石非常直,所以他认为这一种型必然已直立行走,并命名为"直立猿人"(Pithecanthropus erectus)。今天,"猿人"一词已废弃不用,而代之以"人"(Homo)这一名称。尽管直立人事实上并非最早直立行走的种属,因为南方古猿和能人都前于他们而直立行走,但长期以来由杜布瓦所开始使用的"直立人"这一名词却一直沿用下来,用来专指这个种属的"人"。今天,"猿人"(Pithecanthropus)一词被专门用来指称生活在东南亚的直立人。

此后,在爪哇又发现了大量的直立人遗迹,比如在桑日朗

（Sangiran），萨姆布马堪（Sambumacan），摩焦科拖（Modjokerto），纳冈东（Ngandong）等地。1931 年在纳冈东的挪托皮罗文化层出土了十一个二十万年前的头骨，属于直立人的一个进化型。从1936 年起，在桑日朗发现了一些相对更为古老的化石，包括一个颅顶骨（Sangiran 2），一个腭骨和一个后颅骨（Sangiran 4），一个几乎完整的头骨（Sangiran 17）（图 11），另一个后颅骨（Sangiran 31），还有大量的颌骨和极少的几个颅后骨残片等。在这些遗址中，出自桑日朗的普冈冈（Pucangan）文化层的化石（颌骨 A，B，C，D，F；Sangiran 4 号，31 号头骨；以及在摩焦科拖出土的头骨）年代为距今八十万年，而另一些出自卡布赫（Kabuh）文化层的直立人化石（Trinil II，Sangiran 2 号，17 号，24 号，颌骨 E 等）的年代则为距今五十万年。这些古典爪哇猿人可以分为两种类型。第一类出自较古的普冈冈地层，属于深色的湖沼沉积或河流–湖沼沉积，年代为距今八十万年，因为它们全属于麻土亚码的逆古地磁时期。已发现的这类化石证明他们是体格极为粗壮的直立人。另一类出自比较晚近的卡布赫文化层，是至少有八十万年历史的河流沉积层，大部分爪哇人的头骨都是在这里发现的。

直立人也同样来到中国安了家。中国的古人类学家称之为"中国猿人"（即北京猿人）。在距今五十万年到二十五万年之间，一批批旧石器时代的狩猎者来到北京西南 60 公里处的周口店地区，居住在村北众多的石灰岩山洞里（图 12）。当地的中国农民把这座山叫作"龙骨山"，因为他们经常来到这些山洞搜拣他们认为是龙骨头的化石，然后再卖给药铺用来制药，特别是刺激性欲的药物。自 1929 年以来，从一个大山洞（Localite 1）的堆积中发掘出了

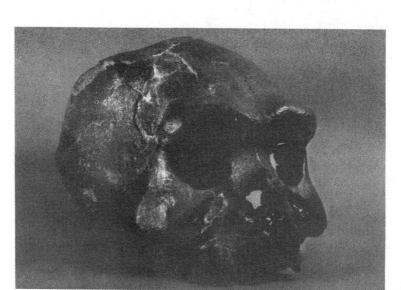

图11 8号爪哇猿人（Sangiran 17），爪哇，印度尼西亚

大量的人类遗存，其中有六个未被损坏的头盖骨（图13）和九个残片，十五个颌骨，六个面骨残片，一百五十三个牙齿，以及七个股骨残片。这些骨骼化石代表着四十来个不同的个体。另外，在山西的西侯度也发现了非常古老的石器，在元谋（云南省）发现了约一百万年前的人类遗存——两个上门齿，还有三个石英工具。

几年以前，在印度中部靠近哈特诺拉（Hatnora）的纳尔麻答（Narmada）河谷中段出土了一个直立人的头骨。据此可知，直立人也曾在印度出现。他们生活过的遗址中有着丰富的工具遗存，这些工具与非洲出土的工具极为相似。同样，在斯瓦里克斯（Siwaliks）诸遗址中，自中更新世刚一开始，他们已能用卵石生产出古典式的工具了。

图 12   周口店 第一地点断面，中国

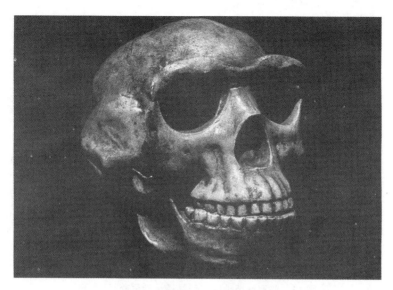

图13 中国猿人，周口店，中国

最后，大约在一百万年前，或许还要稍早一些，直立人出现在欧洲的南部海岸。目前已知的最古老的遗址实际上位于克罗地亚的珊达尔加（Sandalja）山洞，那里的古动物群遗存的年代被确定为略早于一百万年，也正是在这里发现了一件肯定经过打制的小型燧石石斧。在法国南部也发现了一个山洞，即普罗旺斯地区的瓦罗纳（Vallonnet）山洞，其年代经多种方法测定为距今九十五万年，其中的古动物群遗存包括许多鹿，但也有大型牛科动物和不同种属的犀牛等，还发现了一些打制工具（图14、15）。尽管已有大量的遗址被发掘出来，但我们对这些最早的欧洲人仍然所知甚少。这些遗址包括意大利萨贝尔德尔（Ca'Belvedere di Monte Poggiolo）、法国埃罗省的圣-蒂贝利洞穴（Cave cooperative de Saint-Thibery），

图 14　普罗旺斯地区瓦罗纳遗址地层断面，法国

西班牙的胡西雍高地(Hautes Terrasses du Roussillon)和维克多利亚山洞(Cueva Victoria)，以及德国的卡尔利齐 A 号(Karlich A)遗址。

　　由距今七十万年前的中更新世初期开始，由于气候变暖，直立人已扩张至整个暖热的欧洲温带地区。比如，在距今七十三万年的意大利的皮纳塔(Pineta)遗址就留下了他们的足迹，在那里还发现了这些早期狩猎者的营地，他们狩猎的动物有大象、野牛、犀牛等。其工具的形制极为古老，主要包括大量经过修治的卵石工具，还有一个具有多边但不太标准的、片刃较粗糙的小型工具，但没有发现用作武器的燧石两面器。这种两面器在欧洲的出现要比在非洲晚得多。

　　稍后，法国也发现了直立人的足迹，他们是在东比利牛斯山的

图 15　瓦罗纳遗址哺乳动物骨骼化石，法国

陶塔维尔（Tautavel）镇的阿布维丽遗址和拉高纳·德·拉加戈
（Caune de l'Arago）遗址的下文化层发现的。在那里，我的考古小
组很幸运地发掘出了七十八件人类遗存化石，它们分属于大约二
十个成年人和儿童的个体。其中大部分化石都出土于距今四十五
万年的 G 层（顶部复合层 complexe sommital），计有一个头骨（颊
骨、额骨、顶骨），两个颌骨，一个髋骨，多个股骨和腓骨，以及大量
的牙齿。在从四十万年到七十万年前的所有堆积中都有石器工具
发现。这些发现使我们可以重构欧洲早期居民的特征像，并了解
他们的生活模式。

　　最后，在一九六〇年，一些洞穴学者又在希腊距特萨洛尼克
（Thessalonique）三十五公里处的佩特拉洛纳（Petralona）岩洞中，

发现了一个完整的头骨。其保存之完好令人惊异,年代被测为约距今二十万年前。另有一类石英质的打制石器也在不同的堆积层中被发掘出来。另外,还应该提及的遗址有:德国的卡尔利齐 B 遗址和莫尔(Mauer)遗址,捷克的斯特朗斯卡－斯卡拉(Stranska-Skala)遗址和阿塞拜疆的阿积奇(Azychy)遗址。

直立人向非洲以外的欧亚大陆的迁移过程,并不是由大陆的地貌变化引发的,而是缘于气候的周期变化。曾在第四纪冰川时期产生过深刻影响的气候变化,是以寒冷期与温热期周期性交替的形式出现的。温热期较之寒冷期的时间要短,每次持续约两万年,而寒冷期则每次持续约八万年,二者共同构成了约十万年的变化周期。这个周期导致了整个古地理形态的巨大变化。因为在寒冷期期间,大洋的一部分凝结成冰,使海平面平均下降了一百一十米,大陆间的连接通道露出了水面。如此,印度尼西亚巽他群岛的所有岛屿,比如爪哇岛、苏门答腊岛以及波尔内岛(Borne)等,那时都是和大陆连在一起的。这就是爪哇直立人能够到达爪哇岛的真正原因。他们对航海一无所知,也没有使用船只,只是用赤裸的双脚走到了这里。与此相反,同样在这个时期,在澳大利亚、新几内亚和塔斯马尼亚岛形成了惟一的、我们称之为"萨胡尔型"(Sahul)的大陆,但它们从未与亚洲大陆连接在一起。在这两个大陆间一直存在着一条海峡,所以直立人从未能踏上这块土地。科西嘉岛(或撒丁岛)在整个第四纪也无人居住,由于缺乏航海知识,人类那时还没有能力到达那里。相反,英国在寒冷期还不是一个岛屿,而是与大陆连在一起,人类自然能够迁徙到那里。

直立人拥有了比能人进步得多的石器。起初,他们使用的是叫作"奥杜韦式"的经过打制的卵石工具,诸如石斧、砍斫器(图16、17、18)、多面器和石片。这类工具的种类逐渐变得越来越多,器型也越来越规范。在奥杜韦的第二层上部出土了最早的同时具有双边和双面的对称型石器,即两面器。两面器是一种相对较进步的工具,通常是通过砸击卵石使两面剥离下来,从而打制出一个横向的、两侧向上聚拢的尖端或锋刃。在大约一百二十万年前的东非,砍斫器,即通过剥离卵石两边打制出的工具,逐步演进为两面器。一旦人类获得了这种对称的观念,他们就很快地制造出了非常精美的两面器,它是一种通过对卵石两面进行延伸剥离,先剥下两个大块的石片,然后得到的两侧带有锐利锋刃的长条形石器。当然,对称并非人类的发明,它早已存在于自然之中,人类自己的身体就是两侧对称的。但是,当人类意识到对称的现象并形成了对称的观念后,便很快地应用到工具的制造上了。

这些两面器的制造很快就会朝着多元化的方向发展。小石斧在晚些时候也出现了;用石片和碎石块加工成的小型工具(如刮削器、削磨器、尖状器等)的种类越来越多,形式也越来越规范。但此时还没有形成像后来的阿舍利后期或莫斯特文化那样真正成系统的成套工具。古典式的两面器通常被称为"阿舍利式"。尽管专家们认为,"阿舍利式"一词最好是用来专指索姆高地(Haute Terrasse de Somme)的石器,但事实上该词在今天所指的范围非常广泛,世界各国的史前学家把所有的两面器工具都叫作"阿舍利式"。这就是"阿舍利式"石器在全球许多地区和国家都有发现的原因。在东部非洲、马格里布、埃及、撒哈拉等地的露天遗址中,在南非的河流冲击三角洲和山洞里,以及在中东地区、土耳其、高加

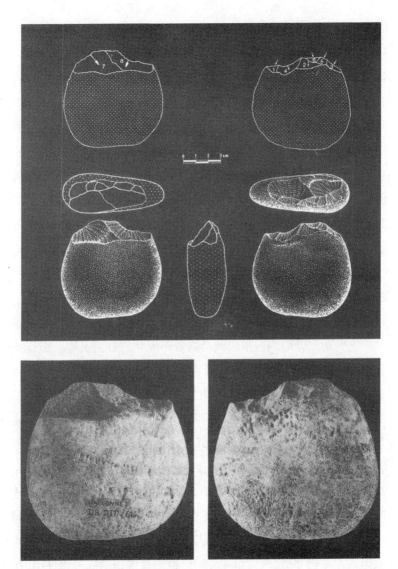

图 16　砍斫器,瓦罗纳洞穴出土,法国

图 17　经过打制的卵石，瓦罗纳洞穴出土，法国

索以及印度和爪哇的一些岩洞里，都出土了这种类型的石器。在欧洲，最古老的两面器出现于七十万年前，而在整个中更新世"阿舍利"文明都得到了进一步的发展。到了大约三十万年前，"阿舍利"文化才因文化群体的差异而形成了各自不同的特征。

　　阿舍利文明还改进了他们的居住条件，完善了他们的营地。在有些营地中，比如肯尼亚的奥罗热萨依（Olorgesailie）营地，还展现出了极为丰富的物质材料，证明这里曾是一个有组织的和永久性的聚居地。人类或是在河边安家，或驻扎在毗邻水源的地方，有

图 18　瓦罗纳洞穴砸击骨头模拟图,法国

时住在长年不枯的水源旁边,比如阿尔及利亚的特尼芬(Terni-fine)即是如此。

他们的生活方式有了明显的改进。此时的人类已成为真正的狩猎者,已能够组织起集体的狩猎活动。因此,到了阿舍利文化后期,我们已可以用"狩猎民族的文明"来谈论他们了。"狩猎"一词意指那些能使人类获得肉类食品的活动。到了晚更新世末期,直立人在猎获大象和犀牛时(如瓦罗纳山洞),可能已采用了陷阱捕兽的方式,已出土的数量巨大的壮兽化石似乎可以证明这一点。在中更新世,人类已完善了各种狩猎技术,尽管他们还在捕猎大象(如 Terra Amata,Torralba,Ambrona 等遗址)和犀牛,但他们更喜欢捕猎的动物是牛科动物、马以及鹿科动物(Caune de l'Arago 遗址)。

围捕和猎杀这些速度快的动物要求狩猎者进行重新组织,这无疑就强化了人们之间的社会联系。虽然他们所使用的武器至今尚不为人知，但极有可能的是，木质的投枪构成了他们最常用的基本武器。不过，这些狩猎者同时也是机会主义者，比如瓦罗纳山洞人就常常会把就近发现的大型食草动物的死尸分割成几块拖进山洞食用。

迄今为止，我们还没有发现任何与爪哇直立人头骨相关的材料。有的研究者在几处遗址的表面搜寻到了一些非常光滑的石片工具，使人以为是旧石器时代的产品。但它们并不是与人类的遗存在一起发现的，因此还缺乏与爪哇直立人处于同一时代的证据。但近期在桑日朗出土了与直立人遗存相关的打制工具，特别是砍斫器和多面器，使我们能够确定这是该人类在旧石器时代早期所使用的工具。

在中国也发现了石器，特别是在周口店的山洞里，出土了相当数量的工具，其中有大量的石片工具和一些打制卵石，然而两面器却很少见且质量一般。但在中国其他遗址中，如蓝田遗址，却发现了一件质量上乘的两面器和一件至今鲜为人知的旧石器时代早期的石器工具。与中国的情况相反，在印度的阿舍利式石器中，却有着极为丰富的两面器和小石斧。

直立人此时拥有了更高的身材和更发达的大脑，其平均脑容量已达1000立方厘米；他们无疑也具有了完美平衡的直立姿势，拥有了更为先进的打制石器的技术。同时，对称观念的获得，使得他们发明了标志阿舍利文明特征的两面器工具，并因此成为伟大的狩猎者，进行着多种多样的捕猎活动。然而，该人类还没有掌握对火的使用。

人们常常会提及一些遗址中的灰烬遗迹。比如在肯尼亚的舍若旺加(Chezovanja)就曾发现了经过火烧的黏土,但没有任何证据能证明这是人工修造并进行活动的火炉,而更像是由自然火灾无意中形成的烧结黏土。另外,在这些古老的地层中,还没有发现过任何搭建的住所遗址和烧过的骨头,也没有发现与猎杀的动物群、与古石器有关的灰烬和木炭遗迹。因此,直立人在这一时期极有可能还没有掌握对火的使用。

第四章　拉高纳·德·拉加戈遗址

　　陶塔维尔是介于上一章所述及的伟大的狩猎时代和下一章将要论及的用火时代之间的一个重要链环。极有可能的是,陶塔维尔一方面上承了狩猎时代的技术发展,而另一方面又下启了对火塘的使用。

　　这是一个对我个人来说极为重要的遗址。我第一次走进这个山洞是在1963年,是由几个史前学家和洞穴学爱好者——其中就有让·阿伯拉内(Jean Abelanet)和里果(Rigaud)博士——带领着来到这里的。他们曾在这里的地面上采集到几个骨骼化石和几个人工打制的工具。这个岩洞当时看起来相当大,充满着第四纪的堆积,里面必定有着十分深厚且保存完好的沉积物。我判断,在土层堆积中,极有可能掺混着丰富的化石和工具。我于是决定进行发掘。第一次发掘于1964年4月展开。此后,我和我的考古队每年都重返发掘现场,早期是每年驻扎十五天,1967年起每年一个月,1979年后每年三个月,自1992年至今则为每年五个月。目前,这里变成了一个国际性的发掘工地,现场的研究人员常会把他们的发现带回研究所,进行进一步的分析和深入的研究。

　　陶塔维尔的拉高纳·德·拉加戈岩洞遗址位于东比利牛斯山脉,是科比埃南部高原的石灰岩经侵蚀而形成的。该地西北距皮佩尼扬三十公里,西距地中海北岸胡西雍平原北部沼泽二十五公里,北距比利牛斯山脉四十公里(图19)。该遗址在今天仍是一个长约三十米的巨大洞穴,而在史前时代要比现在大得多。这一方面是因为原来的一部分岩障崩塌填积,另一方面是由于岩洞底部被第四纪的沉积物填充造成的。因此,它本来应该有120米长。

图19 陶塔维尔平原,东比利牛斯,法国
图中右方是拉高纳·德·拉加戈岩洞的入口处

这个岩洞当时完全被填满了。我们曾计算出这里的堆积物厚度达15米多。多种断代技术的运用使我们能够测算出其中最古老地层为距今六十九万年,而最晚近的地层为距今十万年。换句话说,这里的堆积物是在六十万年的时间内填积完成的,它蕴涵着一个完整的考古学宝库。各不同学科,诸如地层学、沉积学、古生物学及古植物学等,对相关材料的研究使得我们可以重建第四纪时期介于七十万年至十万年前之间的气候、自然景观、史前人类及其文化、居住环境、生活方式等的演化与进化过程(图20、21)。

我们已能阐明寒冷期与暖热期、湿润期与干燥期的交替变化情况。早期的四次要比后期的四次持续的时间更长,前者形成了总长度为十万年的第四纪变化周期。当该洞穴在差不多七十万年前开始堆积时,这里的气候潮湿而温暖,石笋板块开始形成。在此后的气候交替时期仍保持湿润,但到了约六十五万年前,气候变得寒冷起来,并在该地区形成了以冷杉、松树、山毛榉和桦树为主的森林。

到了约六十万年前,气候重新转暖,这里再度变得温暖而潮湿,温带森林构成了此时期基本的自然景观,洞穴里出现了有机材料的堆积。在从五十八万年前到五十三万年前之间,气候极为寒冷干燥,这无疑是整个第四纪时代最为寒冷和最为干燥的一个时期。森林消失了。花粉研究表明,此时期地表只有不到百分之十五的树木,整个自然景观呈现为巨大的干草原,只有有限的几个地区有树木生长。从陶塔维尔平原及其周边平原刮过的巨风夹杂着尘土,刮进并堆积在山洞里。对实拟环境模型所进行的风向模拟研究表明,这些堆积主要是由西北风吹输进来的。尘土微粒的大小和重量表明那时的风力极为猛烈,据此我们测出古地中海北部地区的风力可达时速一百二十公里。在这个时期,人类所猎取的动物主要是驯鹿。

温暖而湿润的气候再度回归是在距今约五十万年前。流水自高原冲刷而下,带着大量的黏土,从石英岩的缝隙中输运到拉高

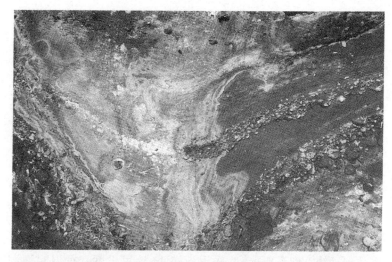

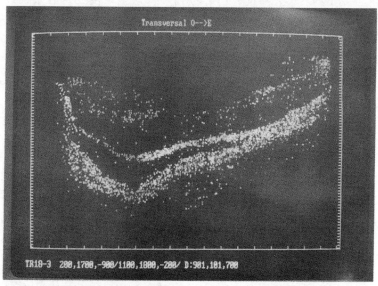

图 20、21 拉高纳·德·拉加戈遗址考古层横断面

纳·德·拉加戈山洞中。花粉研究表明这里当时生长着一个温带森林，其中树木所占比例超过百分之七十五。人类也因此可以捕猎诸如鹿、黄鹿之类的森林动物。随后，在大约四十五万年前，——这是由拉高纳·德·拉加戈山洞出土物最丰富的年代，气候又一次重新变冷，再度干燥起来（当然没有上一个寒冷期那么厉害）。花粉研究表明山洞外面是一个沙漠化不太严重、生长着树木的草原景观。人们可以捕猎大型的食草动物。他们的营地，还有盘羊狩猎者的简单住所，以及猎牛者的露营地等，也均出土面世。

约在四十万年前，温暖湿润的气候重又回到了这里，并在山洞堆积的表层形成了一个非常重要的地层板块，其中混凝着许多填充物。对这一板块的花粉研究证实温带森林又再度恢复。我们同样可以对从四十万年前到十万年前之间的气候变化情况进行类似复原，而一批批的狩猎者也正是随着气候变化的节奏相继进入这个山洞。不同学科的史前学家对相关材料所进行的如侦探般的分析和研究，如通过地质学、沉积学、矿物学、岩相学和地球化学的研究重建古环境，通过花粉研究重建古植被，通过对史前人类所扔弃的食物残骸的研究重构古动物种群，等等，使我们可以追溯这漫漫六十万年间动物种群、植物区系、自然景观以及气候等的演化足迹。

在这整个漫长的六十万年间，不同时期的狩猎者来到这个山洞安下家来，其间隔期多少是有规律性的。而他们在这里的居住形式，可以是永久性的营地，也可以是暂时的营地，或是简单的狩猎窝棚，甚或只是撕砸猎物的露营地。在这些住处中，有两个主要的规律性营地最为著名：一个是距今五十八年前的 Q 地点（Sol

Q)，另一个是四十五万年前的 G 地点(Sol G)。这两个地点可能是持续几年的大型食草动物猎捕者的长期营地。而只有几个月的短期营地，如距今四十四万年前的 F 地点，则是由盘羊的狩猎者所修建的。那些只使用几个星期的狩猎窝棚和甚至只是在撕砸猎物时才使用几个小时的露营地，则又是由驯鹿的狩猎者在追逐穿过这个峡谷的迁徙兽群时建造的(图 22)。

图 22　拉高纳·德·拉加戈遗址，驯鹿狩猎者
营地地层，距今五十五万年，L 地点

同时，通过对不到两岁的诸如鹿、黄鹿和驯鹿等幼壮动物的颌骨化石的研究，我们可以对人类占据该山洞的时间及其相继猎捕的动物种群情况进行确认。这些动物的乳牙和智齿的生长状况使我们能够准确地，或至少是较接近地判断其年龄。众所周知，这类动物通常都是在六月出生的。如果我们发现了一个三个月大的动

物颌骨,这就意味着它是在九月被猎杀的,同理,如果是一个六个月大的动物颌骨,那它就是在十二月被猎杀的。借助于这一计算方法,我们在一些地点,比如 G 地点(图23),发现了一些介于六个月到九个月大和介于十八个月到二十一个月大的幼兽和壮兽。这就是说,这些动物是在相继的两个秋天被一年一度来到这个营地的狩猎者所猎杀的。据此我们可以知道,这里是一个秋天居住的季节性营地。

图23　拉加戈21号头骨,G 地点正在清理的一个年轻男性头骨,1971 年 7 月

随着气候的变化,人们专向猎捕的动物也因之而有不同。事实上,如果某一地层出土的动物化石中百分之九十五是驯鹿的骨骼,那就是说在当时的自然环境中这一动物占有相同比例的数量,这就意味着人类的狩猎活动是有选择性的。正是这一点决定了他们对驯鹿的专向狩猎活动。同理,他们自然不会去选择那些稀少的动物作为狩猎对象。因此,他们之所以猎杀驯鹿,只是因为这种

动物数量巨大。另外,拉高纳·德·拉加戈山洞中所出土的大量鹿和黄鹿也说明了同样的事实。

某些动物的庞大数量显然是在特定气候的影响下形成的。在温暖时期,人类所狩猎的动物更多的是适应森林生活的动物,而在寒冷期则为适应草原生活的动物。如此,随着气候及自然环境的变化,这里的人们组织着不同的专向捕猎活动:在距今五十五万年前的 Q 地点,四十五万年前的 G 地点,甚至还有四十三万年前的 E 地点,他们的猎物是大型食草动物;在同样的 Q、G、E 地点,还有五十五万年前的 L 和 K 地点是驯鹿;在 E 和 F 地点是盘羊;在五十万年前的 H、I 和 J 地点是鹿科动物。

人类之所以选择拉加戈山洞作为栖身之所,是因为其所处的地理位置极为优越(图24)。这里位于一个巨大的凸出的峭壁之上,它今天高出平原地面八十米,但那时距地面六十米。这是一个绝好的观察点,从上面可以俯瞰附近的整个地区。另外,这个山洞还处在多个生态群落的交汇点。在凸出的峭壁上面,是岩壁动物的天然住所,人们在家门口就可以将其猎获果腹,特别是盘羊,但也有塔尔羊和长毛山羊(今天仍生活在喜马拉雅山区),有时还有岩羚羊。在从三十万年前开始的晚近文化层中,还发现了羱羊化石,它们取代了已经消失了的盘羊。在寒冷时期狂风肆虐的高原上,人们则可以捕杀适应严寒气候环境的动物,如麝牛和驯鹿。当干冷时期到来,在无垠的草原景观中,他们又可以在山洞脚下的草场捕猎大型食草动物,如马、野牛、草原犀牛,还有大象。相反,当温暖湿润的气候莅临大地时,它们则追猎森林中的鹿和黄鹿。

在附近的河畔(图25、26),即使在只有稀疏的树木存活的干

图24　四十五万年前陶塔维尔平原的洞猞猁。艾里克·盖里埃绘

图25　四十五万年前拉高纳·德·拉加戈遗址周围景观复原图。艾里克·盖里埃绘

旱时期,这些古人类也总能找到适应这一生态环境的水生动物,如河狸等,并组织渔猎活动。在山洞的下面,坐落着古莱卢(Gouley-rous)峡谷的谷口。这是一个又窄又深的峡谷,威尔杜不勒河(Verdouble),一条永不枯竭的长流河,就从这里流过。当汛期到来,威尔杜不勒河河水暴涨,急流会把峡谷谷口冲刷成凹槽般的形状。在河流的下游,自古以来一直横亘着一个卵石形台坝。前些年,当地的市政府为了疏通河道,曾动用推土机进行了多次清铲,但卵石台坝却依然故我。因为每当第一次汛期到来时,河坝就会再度形成。在史前时代,这个卵石台坝肯定是驯鹿、马和野牛等兽群穿越河流的必经之路,而陶塔维尔人也一定会在这里守候着他们的猎物,在兽群涉水而过时袭击那些易受攻击因而也是易捕猎

**图26　拉高纳·德·拉加戈脚下的威尔杜不勒河岸，
陶塔维尔，法国**

的动物。

　　陶塔维尔人所找到的拉高纳·德·拉加戈山洞事实上是一个极舒适的住处：洞口面向日出方向。今天的洞口是向南开的，因为洞的内壁早已在漫长的时光中崩塌剥落。但在史前时期，洞口肯定是朝着东方或是东北方开的，初升太阳的第一缕光线能够照亮第一个厅堂的深处。这无疑是一个理想的住处。由于热量不易散发，整个洞内的温度，甚至是整个较深的廊厅里，总能保持着室外的平均温度。而且，在通常情况下，拉高纳·德·拉加戈山洞的洞内温度甚至还要比洞外略高一些，因为在下午开始前的整个上午，它都一直被太阳照射着，到了晚上，它又吸收着山洞正面岩壁的热量。因此，冬天的洞内远没有外面冷。

　　然而陶塔维尔人并没有真正迁居到这个山洞里，因为我们没有在洞内发现真正的居住建筑,相反倒是出土了数量相当多的用来铺筑地面的石头。越是在出土考古材料——指工具和骨骼化石——丰富的文化层,我们所发现的大小不等的铺地石料的数量就越多。有时,他们还会把大型的石块搬运到洞内,以便用来作石砧板;他们也会把从河里搜寻到的大卵石用作砸击骨头的工具,因为他们特别嗜食骨髓。

另外,我们还有必要指出,在拉高纳·德·拉加戈洞内介于七十万年前到四十万年前之间的文化层中,并没有发现任何经过烧灼的遗留物。这就说明此时期的人类还没有掌握火的使用。在早于四十万年前的堆积层中所出土的上万个骨头化石中,没有一个是经过火烧的。而且,洞内既没有灰烬遗留,也没有木炭化石。事实上,如果有了火,就一定会有烧过的骨头留下来。当骨头在火上被加热到六百度以上,磷酸钙就会转化为羟基磷灰石,骨头就会色化为略发蓝的泛白的锈色。在这些文化层中,没有发现任何有此类特征的骨头化石。相反,在后于四十万年前的较晚近的上部文化层中,出土了一些木炭、灰烬和烧灼过的骨头化石遗存,尽管其形状细小,数量也不多。

这里所出土的石器(图27、28、29、30),形制都非常古老,相当于初期的阿舍利式石器。其中很少有两面器和小型石斧,但经打制的卵石工具,特别是石斧,却相当丰富。另外还发现了几个砍斫器、几个多面器,特别是还有一系列形式多样但加工粗糙、很不标准的小型石器。

那些从外面运来的大石块是用来做砧板的,而从山下威尔杜不勒河中搜寻来的大型卵石则用作砸开骨头的重型砸击器。还有

图 27、28、29 拉高纳·德·拉加戈遗址出土的石器

自上而下:石斧、两面器和经修治的燧玉尖状器

图 30　拉高纳·德·拉加戈遗址的燧石齿状器

那些只修治一面的大型卵石石斧——其制作技艺精湛,经常是通过剥离小块石片制造出来的,其中有些很重,最重的可达七公斤——是非常实用的砍砸大型食草动物骨架和砸断某些骨头的工具。最后,那些成系列的小型工具,如刮削器和齿形器,肯定是用来修治兽皮、木料和切割兽肉的。

通过对留在石器锋刃上的微痕的研究,我们能够阐明人类使用这些工具的具体方式。那些残留在石器上的不同方向的条痕,可以使我们确切地了解到这些工具的实际用途:如果条痕方向与器端边线呈并行的横向纹,就说明该器是用来锯割物体的;如果条痕方向与器端边线呈对垂的纵向纹,那么该器必然是用来刮削物体的。显微条痕学的研究同样能使我们了解到这些工具作用的对象是什么材料:是兽皮、木材还是肉类。

对这些石器原料出产地的研究,可以帮助我们重构陶塔维尔人狩猎的地域范围。洞内百分之八十到九十的石头是从威尔杜不勒河河谷捡回来的,有的就在山脚下,有的在附近的周围地区,必要时远到西南六公里处的阿各莱山谷。但有时他们还会到更远的地区去寻找特殊的石块:到西边十五或二十公里远的苏拉特戈去找石英岩,到西北三十公里远的科比埃地区的洛克伏渐新世湖积石灰岩中去找高质量的燧石,到西南三十公里远的樊萨地区的高乃亚·德·孔福勒去找上好的红玉。因此,他们的狩猎地域不超过三十公里远的范围。

这三十公里的辐射范围,意味着六十公里的往返路程,也就是说那时的人一天所能走的路程。这里我们可以与现代人的行走能力作一个对比:众所周知,拿破仑的军队一天的正常行军速度是六十公里,而强行军的速度是八十公里。

通过对在住宿地不同地点所发现的动物骨骼化石残片的研究,特别是对带进洞内的不同骨骼部件所占比例的研究,通过对其砸击方法、切割痕迹的研究,我们可以复原史前人类处理动物的许多细节,而对其相关活动,诸如狩猎技术、肢解技术、剥皮技术、屠宰技术,以及切割肉块技术,乃至烹饪实践等,也均能够获得一个基本的认识。

这些史前人类在这个山洞里出生、生活并死亡。我们已知道这里也曾生活着很多孩子。比如在 G 地点出土了大量的乳牙,它们都是属于自然死亡的六到十二岁孩子的。

这一遗址所具有的独特价值还在于使得我们重新复原这些欧洲最早居民的特征像。这一种型的欧洲直立人被称为"前尼安德特人"。

图 31　在 M. -A de Lumley 指导下复原的
陶塔维尔人塑像。安德列·波尔德塑

就其较长的部分骨骼(股骨和腓骨)来看,我们可以确定陶塔维尔人的身高应该在 1.65 米左右,并且他们的体格相当粗壮(图31);就其盆带骨和肩胛带骨,即髋骨和锁骨的形状来看,表明他们的体格宽厚;他们的头骨低平,前额后倾,眶部上方眉脊粗壮;颧骨位于脸部正面,这必然形成高颧颊脸形(图32);因脸部前凸,因此可能呈椭圆状的凸颌;颌骨后塌,下颌骨骨部联合尚未形成下

图 32　陶塔维尔人上半身塑像。安德列·波尔德塑

巴。脑容量约计 1100 立方厘米,要比我们将要谈到的尼安德特人
的脑容量小。一当人类的脑容量超过了这个 1100 立方厘米的级
差,他们将能掌握火的使用。

第五章　火的使用

如前所述，在陶塔维尔七十万年前到四十万年前的堆积中，我们并没有发现任何严格意义上的用火痕迹，没有任何有关灰烬、木炭及烧过的骨头的蛛丝马迹。相反，在较晚近的地层中，则有一些灰烬、木炭及几个烧过的骨头出土。

这正是所有前于四十万年的史前遗址的真实情况：没有一个遗址显示出用火的痕迹，也就是说，没有任何迹象表明那时的古人类已经建造了火塘。史前学家曾明确提到，在东非的一个距今二百万年前的极古老的遗址中，曾存有用火的痕迹。但这些痕迹绝非人工用火的物证。这一方面是因为它们与人工修筑的住所毫无关系，另一方面，那里所发现的经火烧过的骨头化石寥寥无几。尽管这些痕迹涉及到了火的遗迹，但极有可能是自然火所留下来的。

一当人类学会了用火，在他们住所即史前营地的地面上，就会掺杂进经过火烧的骨头化石。这是晚于四十万年前的史前遗址的共同特征。如法国陶塔维尔的拉高纳·德·拉加戈山洞的上文化层，尼斯的特拉·阿马塔（Terre Amata）遗址（距今三十八万年），阿尔代什省（Ardèche）奥涅克的奥涅克 3 号（Orgnac 3）遗址（距今三十四至三十五万年），布列塔尼的莫内·德莱刚（Menez Dregan）遗址；其他国家的情况也是如此，如匈牙利的维尔特斯佐洛

（Vertesszøløs）遗址（距今三十九万年至四十万年），以及中国周口店遗址中距今四十万年的堆积层等。在所有这些遗址中，烧过的骨头化石都数量很大，并且伴随着木炭化石和灰烬遗留。正是在这一点上，我们拥有了人类用火的确凿证据。

目前已知的最古老的人工用火遗址都是在欧亚大陆暖温带北界以内发现的。其中之一是在尼斯的特拉·阿马塔遗址发现的（图33）。这是一个以捕猎鹿和大象为主的狩猎营地，位于博洪（Boron）山脚下尼斯海滩的一个避风港内，因而可避开地中海主风的袭击。该营地靠近塞诺马尼昂（Cénomanien）的一个与非渗透性泥灰岩相连的小喷泉，同时距坐落在帕雍（Paillon）河谷出口处的图罗尼昂（Turnien）渗透性石灰岩不远。史前人类就在这个多种生态群落的交汇点安下家来。在博洪山的山坡上，他们捕猎一种叫作塔尔羊的长毛山羊。这种动物至今仍生活在喜马拉雅山脉，我们在陶塔维尔遗址已经和它打过照面了。在广袤的尼斯平原上，在帕雍三角洲的边地，他们狩猎成群的大象、犀牛和原牛。他们是专向的狩猎者。在猎捕大象时，他们专门攻击那些身材矮小的、幼年的和未成年的象。就他们的狩猎技术来看，猎获这些弱小者要比成年的大象更容易些。

我们已能够复原他们的营地。由地面上遗留下来的不同物体的分布状况来看，它们应该是棚屋一类的住所。这些遮风避雨的住所面积必定很大，因为里面有一个长八米、宽四到六米用大块石头围筑成的地基。棚屋建在离海几米远而且靠近水源的地方，背靠图罗尼昂石灰岩山壁的大块壁体上。该山壁曾矗立在海滩上，但后来却崩塌了（图36）。

图 33　特拉·阿马塔遗址,法国尼斯

在棚屋的中心位置,狩猎者建造了火塘,它们或是用卵石在地面上铺成的小型炉基,或是在沙土地上挖成的深十五厘米、直径为三十厘米的炉坑。他们有时还会用石块或卵石在火塘的一面筑起一道小墙来抵御狂风的袭击(图 34、35)。他们不仅已掌握了用火,而且还能对建在住所中心的火塘进行管理。

这些居住地的表层非常易于发掘,因为各种遗留物只是简单地弃置在地面上:有食物残渣,有大象、鹿和犀牛的骨骼化石,还有用燧石和硅化的石灰石打制成的工具。另外,对同时期的其他遗址,我们也进行了相应的观察和研究,比如阿尔代什省奥涅克 3 号遗址中几个最古老的考古文化层。这些文化层距今三十五万至三十六万年,与特拉·阿马塔遗址属于同一时代或略晚一些,其保存

图34　特拉·阿马塔遗址的火塘,距今三十八万年

状况非常完好。在所有的考古层中,都有烧过的骨头化石和掺杂着灰烬、木炭的区域,从而证明这个遗址曾有过火塘的存在。奥涅克的狩猎者所捕食的动物开始是鹿,后来是马和野牛。

最近在布列塔尼发现的距今三十五至四十万年的莫内·德莱刚(Menez Dregan)遗址,位于菲尼斯太尔省(Finistère)靠近拉日海角的地方。这个遗址同样是与特拉·阿马塔遗址处于同一时代或略晚一些,它表明在中更新世中期的阿舍利文明中,人类已能很好地使用火了。

在欧洲的其他地方也有同类遗址发现,如布达佩斯西六十公里处的维尔特斯佐洛(Vertesszøløs)遗址。在该遗址的多处石灰华堆积中——包括多个含有数量丰富的小型工具和动物群化石的考古层——发现了一个以骨头为燃料的小型火塘。该处地貌为干草

图35 特拉·阿马塔遗址火塘复原图

图36 特拉·阿马塔遗址旧石器营地复原图,法国尼斯

原和草地景观,缺乏木材,因此古人类不得不使用动物骨头和脂肪作燃料。同样值得提及的还有该时期的其他一些遗址,比如在亚

图37 拉加莱山洞,法国尼斯

洲就有中国的周口店遗址。在从四十万年前到二十万年前的堆积中,该遗址所有的文化层都发现了火塘、烧过的骨头、木炭化石以及大量的灰烬。因此,在以温带和寒温带交界线为界的整个旧大陆和欧亚大陆,人类已成功地掌握了火的使用。

在人类的历史进程中,火无疑扮演着极其重要的角色。它曾是人类人化过程中的一个新因素。它在漫漫长夜中延续了白昼,为严寒的冬日带来了暖夏。在一定程度上,它也为人类创造了一个共同生活的场所:正是围着火光闪闪、温暖而令人振作的火塘,人类的社会生活很快形成并发展起来。这是狩猎者聚谈的好地方,他们叙谈着捕猎大象、犀牛和野牛的故事;这些故事随着时间的推移而变得越来越庞杂,并逐渐演变为神话。那些出类拔萃的

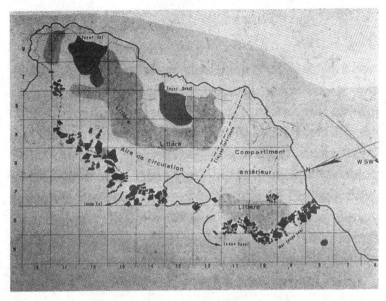

图38 拉加莱山洞阿舍利式棚屋平面图

猎人变成了英雄,后来又演变成了神。随着家庭或部落狩猎传统的出现,很快联结成团体并给它以统一的地区文化。正是由这一时刻起,人类不同团体的文化史才以其各自特有的地方传统而区别开来。

从人类用火这一时代出发,史前学家通过对一些相关事物,比如说对与家族或部落密切相关的石器制造技术的研究,能够区分出不同类型的大型文化团体。正是在这一点上,我们才能够论及巴黎盆地、罗纳盆地和法国东南部等不同类型的阿舍利文明,以及或地中海型的阿舍利文明。因为这些具体的、可以感觉得到的不同文化传统的存在,必定会赋予相关人类团体相同的思维结构。

图39 拉加莱棚屋复原图,法国尼斯

　　围绕着火塘,人类很快地对社会生活进行了更好的组织和安排。结构更完善的住房也因此开始出现了。在特拉·阿马塔发掘的一个环火塘搭建的窝棚中,其内部空间的精心安排随着发掘的进展渐渐呈现在人们的面前。在尼斯的拉加莱(Lazaret)山洞,一个距今约十三万年的阿舍利狩猎者的棚屋也露出了它的整体布局。

　　通过对该遗址人类弃置物——即骨头和工具——布局的分析,我们可以确定这些用石块垒成的住所的面积。其中那些排列成圆形的石块必然是用来固定屋柱的,而另一些堆起来的石块则是山洞入口处的风障。棚屋内部用隔板分成两个单间。与入口较远的单间面积很大,遮挡风雨的效果很好,显得更为舒适,这里是人类生活的场所。在两个火塘周围,还特意用海草铺了一层草垫,草上铺着兽皮。草垫周围堆积着很多生活在海草上的小海贝壳,与铺垫着的食草动物毛皮上的脚蹄连在一起(图37、38、39)。这里应该是一个营地,人们依时回到这里,并按男女老幼的不同进行劳动分工。

如此,从四十万年前开始,由于使用了火,人类以火塘为中心改进了自己的住所结构,并通过将之变成永久性的住处,实现了对团体不同成员的活动的分工。

在晚期阿舍利文明中,石器工具表现出了更大的进步。两面器变得更规则、更标准,变得又平又长,也更加尖锐。长期以来,两面器一直被认为是代表阿舍利文化基本特质的工具(图40)。但目前的相关发掘表明,两面器所占的比例通常是相当低的,一般低于百分之十,甚至经常只占到所有石器的百分之一左右。特拉·阿马塔和陶塔维尔的上文化层以及奥涅克等遗址的情况就是如此。

但经过打制的卵石工具一直在使用着,甚至在有些遗址中数量很大,比如在特拉·阿马塔(图41)。它总是与人类的活动密切相联,并且在砍切动物的遗址中或靠近屠宰场地的地方大量出现。由于这类工具有时很重,它的一面还会有剥离出来的锋利的刃部,所以常被用来砍击、切割动物,特别是用来砍解大型食草动物的骨架关节,甚至是用来砸断骨头(图42、43、44、45)。另外,在特拉·阿马塔,人类还发明了一种新的工具,这就是尖嘴镐,它必定很适宜于在长骨上打孔以便折断,这样就能掰开骨头获得骨髓。

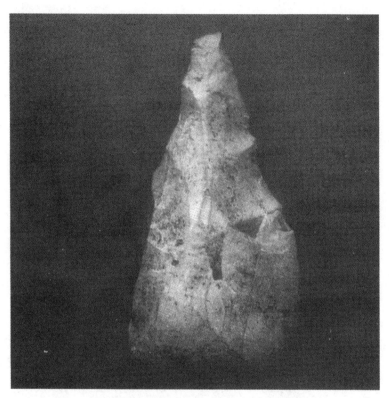

图40　特拉·阿马塔遗址出土的两面器,法国尼斯

　　此后,小型工具得到了进一步的发展,变得越来越标准化。在这个时期,第一次出现了真正的系列工具,其形制与样式变得越来越单纯,且与某些特定的用途相关联。这些工具包括尖状器、多边上拢型工具、侧向和横向刮削器、弯状刮削器,还包括克拉克当式切割器和修饰切割器,还有齿状器或齿状刮削器,以及尖嘴器和阿舍利时代晚期相当数量的打磨器。

图41 特拉·阿马塔遗址打制石器的场所,法国尼斯

到了大约三十四万年前,在掌握了用火之后不久,人类又发明了一项在石器体积方面具有革命意义的打制技术,即勒瓦卢瓦式剥片技术。其出现的确切时间(三十四万年前)是由阿尔代什奥涅克遗址的年代所确定的。此后这一技术开始向全欧洲乃至整个世界扩散。然而,在早于三十四万年前的遗址中,如陶塔维尔距今四十万年前的上文化层,特拉·阿马塔距今三十八万年的文化层等,以及其他遗址,均不见这一精进打制技术的踪影。相反,在距今三十四万年以后的大量遗址中,特别是奥涅克遗址,以及法国、意大利和西班牙等国的许多阿舍利晚期文化遗址中,都发现了运用该技术制造的石器。

这是一项精进的技术。其方法是,先取一块原料石,通常是燧石石质的碎石块或卵石,有时也会是石英岩或石英质的原料,然后修治石核的两面,一面用作砸击面,另一面——经过打磨,非常平坦的一面——则被工匠用来剥离勒瓦卢瓦式石片。剥离下的石片通常体积很大、很平,四周的边缘均有锋刃。这是人类第一次为制造体积更小、重量更轻的工具而剥离出来的锋刃很长的原料石片。随着该剥片技术的普及,勒瓦卢瓦式石片很快被大量地加工成小型石器,且变得更加标准、更加精致,并同时具有小、平、轻和规则的特点。

这些用勒瓦卢瓦式剥片技术制成的阿舍利文化晚期的石器将变得越来越重要。随着时间的推移,其器型变得更加规范、更加标准。至于两面器将越来越少见。由此,我们可以窥出两面器逐渐消失及阿舍利石器文化向莫斯特文化转型的整个发展过程。

直到距今约四十万年前,史前人类的营地一直局限在特定的地区内。人类最早的祖先,即能人和早期直立人,诞生于非洲,而后扩张到旧大陆的热带和暖温带地区。从史前人类开始用火的那天起,他们将能够进入寒温带地区,将征服更广袤的新的领土,人类在这个星球上的占据的面积将会得到明显的增加。

在漫长的第四纪时期,欧洲温带地区和中亚地区的冰川变化曾导致了极为重要的气候波动。具体说来,在距今七十万年前和四十万年前之间,曾相继出现过多次的寒冷期,一次发生在约七十万年前(同位素 18 期),一次在约六十四万年前(同位素 16 期),另一次在约五十五万年前,是由陶塔维尔代表的酷寒期(同位素 14 期),还有一次是距今四十五万年前的极寒冷期(同位素 12 期)。在这些时期,人类后撤到欧洲南部地区。与此相反的是,在

图 42-45　特拉·阿马塔遗址出土的两面器,法国尼斯

中度温热期,即所谓的"间冰期",也就是说在大约七十三万年前(同位素19期)、六十八万年前(同位素17期)、六十万年前(同位素15期)和五十万年前(同位素13期)等时期,暑热温暖的气候广泛分布于地球上。得益于这一有利的自然条件,人类文明不只是在欧洲南部有了进一步的发展,而且也扩展至纬度较高的北部地区。德国东部靠近魏玛的陶巴赫(Taubach)遗址和俄任斯多夫(Ehringsdorf)遗址就属于这种情况,在这里已经发掘出了第四纪间冰期的人类住所。还有,在匈牙利维尔特斯佐洛的石灰华地层中发现的遗址,也同样属于第四纪的回暖期。自从掌握了火的使用,人类在气候回冷期仍能在这些地区生存下来。如此,人类在地球上居住的前沿地域有了明显的扩展。此后,阿舍利文化也将在英国北部、德国北部、比利时、法国北部和中亚等地纷纷露面,即使是在气候的回冷期,即同位素年代的寒冷时期,也不例外。总之,因为有了火,人类已能够征服欧亚大陆的寒温带地区。

也是在这个时期,人类第一次踏上了日本的土地,这无疑是由于当时存在着一座大陆桥,它也是大象、大型哺乳动物乃至毛象的通道。最近,在日本仙台地区许多遗址的河泥层和黄土层中,发现了一些小型工具、燧石工具、刮削器、齿状器和尖嘴器等。其中系列的小型工具使人联想到西欧旧石器晚期三十万年前到四十万年前地层中出土的古典式工具。这些大陆桥形成于冰期,其时海平面较之今天低了一百一十米。第四纪的寒冷期要比暖热期长得多,因为在每个十万年的周期中,冰期持续的时间占五分之四。

朝鲜和日本之间也必定存在着大陆桥,从而使哺乳动物,其中自然包括人类,能够进入日本列岛。那时的白令海峡还不存在,而是一个叫作"白令积地峡"的长达两千公里的巨大地峡。极有可能的是,在中更新世时期,居住在非常靠近白令积地峡的史前人类在进入日本的同一时期,也多批次地到达了美洲大陆。

不过,在三十万年前和十万年前中更新世晚期,进入美洲大陆的古人类的数量必定极少,因为他们没有留下任何痕迹。然而,最近在巴西巴伊亚州中心城市附近的埃斯佩兰萨的托加遗址,在一个炭化的硬壳层下面的堆积中,出土了几件工具、几个石英石片和小石斧,这些工具与一种距今三十万年、现已灭绝的大型哺乳动物群掺杂在一起。据此,我们可以认为,这是美洲曾存在过的最古老居民的证据,但他们早已消亡,没有留下任何后裔。而以后的新移民浪潮很快使美洲大陆出现了永久居民。这一点我们在后面还要谈及。

在这个时期,人类产生了几乎是纯文化式的、不与物质需要相联系的意识。我们在上一章曾谈到陶塔维尔人已开始寻找式样美观的石头和玉石来制造工具。事实表明,这一观念在特拉·阿马塔遗址得到了进一步的延续。那里的人们把从三十公里外捡来的艾斯特莱尔流纹岩石块加工成精美的尖状器。在阿舍利晚期文化中,一种频繁出现的、几乎随处可见的和谐和美学观念已经诞生。在他们制造的精美的两面器上,表现出一种非常美观的对称形式,这是一种在有时是非常美观的石块上,进行非常规范化的打制,然后修治出的极为平直的完美的双面和双刃对称。人们捡来漂亮的燧石、玉石及流纹岩等,加工成更精细、更完美的石器。

此时的人类也开始关注起了岩石的颜色。在特拉·阿马塔遗址中,出土了一些小赭石棒,它们显然是经过精心挑选后带进洞穴,并作为笔来使用的,因为赭石棒的一端已被磨得非常光滑。其表面上的微痕甚至表明,这些小赭石棒是用来勾画色彩的。因此,从这一时期开始,人类已开始研究并使用颜色了。

　　另外,在世界许多地区的考古发掘中,还出土了相当数量的头骨和颌骨化石。这一现象虽然在陶塔维尔已经出现,但却是在所有阿舍利晚期文化中显得更为普遍。因为在发现人体骨骼化石的大量遗址中,通常出土的只是头骨和颌骨碎片,以及单个的牙齿,而头骨下部(postcrane)的骨骼却极为少见。相反,动物的化石则多是四肢、脊柱、跗骨和腕骨等,但这些骨骼却很少表现在人类的化石上,大量出现的是头骨和颌骨。毫无疑问,在人类的化石中,也有耻骨、腓骨及盆骨及其他部件的化石残片出土,比如陶塔维尔遗址就是如此。但相对而言,这一时期头骨和颌骨所占的分量确实是超常地多,比如出土了四十万年前到二十万年前的“北京人”的周口店遗址就是一个明显的例证;另外,在“爪哇人”的一些遗址中,特别是印度尼西亚梭罗河北岸的纳冈东遗址更为突出,那里发现了十来个人类的头骨,但骨骼化石却极少。由此我们可以认为,在该阶段的某一个时期,曾肯定存在过一个真正的头骨文化。

第六章　尼安德特人

尼安德特人在今天早已闻名遐迩。他们曾在十万年前至三万年前这一期间占领了整个欧洲、中亚（如乌兹别克斯坦的特什克·塔什(Teshik Tash)和近东（如阿牟德(Amud)和塔班(Tabun)等遗址）。这一人种之所以声名赫赫，是因为在考古发掘中，共有分属于二百多个不同的个体的大量的骨骼残片、头骨和颌骨化石出土。这是我们第一次在一些大型公墓中发现完整的骨骼化石，从而使得我们终于能对化石人类做出精确的描写。这些骨骼的所有部件都得到了完好的保存。

尼安德特人身材并不高大，属中等身材，平均身高约1.65米。由其锁骨和盆骨的形状来看，他们似乎胸膛宽厚，肩部阔大。四肢相对较短。就总体而言，尽管他们比现代人显得更粗壮些，身材也更矮小些，但二者的骨骼之间并无太大的区别。

其头骨的特征极为明显，标志着直立人进化的完成。其特征主要表现在额头向后倾塌，眼眶上部的眉嵴粗大，后者与直立人的眉嵴类似，是它的进化延续。代表直立人典型特征的鼻部正上方的眉嵴中央凹陷区——名为"眉间凹陷区"，在尼安德特人那里已经消失了。该眉嵴高于眼眶并形成帽舌式的骨凸，古人类学家称之为"眶上凸起"(torus sus-orbitaire)。他的额骨因而后倾，还没有在眼眶上部出现垂直的前额壁,这是区别于现代人的一个重要特征。颅顶较平坦,颅骨后部(枕骨)隆起。颧骨略突出于正面;特别是在犬齿上方还没有出现名为"犬齿臼"的现代人的凹陷。他的颌骨更为高大、凸出。另外,其颚骨部分厚壮、高起、粗大,但还没有形成下巴,骨部联合总是呈后倾状(图46)。

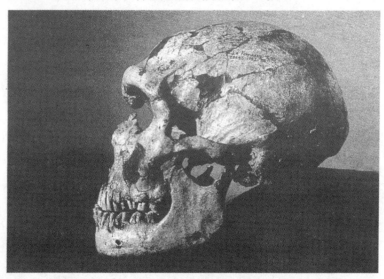

图46　拉·菲拉西遗址出土的尼安德特人,法国多尔多涅

所有这些特征——低型的头骨,后倾的额头,凹陷的眉间,缺少下巴及犬齿凹陷,还有凸颌——还仍然是直立人的特征,有时甚至是畸形发展的特征。尼安德特人好像是直立人中长相较丑陋的一种。但他与直立人之间还是存在着明显的差别,即尼安德特人的大脑体积有了重大的发展。经测算,某些尼安德特人的脑容量已达到了1500至1600立方厘米,相当于甚至超过了现代人的平均脑容量。在眶凸及颌骨里部,前额窦和颌窦的气腔非常大,这一点也能说明眶凸的重要性,他可能已经形成了——尽管这只是一种假设——御寒的保护器官。

尼安德特人生活在西欧的最后一次冰期即武木冰期的前两个时期。他们占据着法国的整个西南地区,甚至还有东南部地区。因为在后一地区,我们曾在蒙彼利埃北部的奥尔图(Hortus)洞穴发现了尼安德特人(图47)。在西南地区,相关的考古发现数量巨大,特别是在维热尔(Vézère)河谷北部的洒微涅克·杜·布各镇(Savignac-du-Bugue)发现了一个真正的公墓。另外,其他著名的同类遗址还有科雷兹省的沙贝勒奥散(Chapelle-aux-Saints)洞穴,法国、西班牙和意大利的地中海海岸平原的多处遗址,以及在比利时、德国、中欧、巴尔干、克里梅(Crimée)以及近东地区和中亚东部(如乌兹别克斯坦的特什克·塔什遗址)。

有些研究者认为,尼安德特人事实上已经构成了人科的一个新种。鉴于该人种的脑容量具有了与现代人的可比性,以及其体质结构还保留着古典型的特征,古人类学家把这一人种称之为"尼安德特智人"(Homo sapiens neandertalensis)。

尽管分布地域很广,但尼安德特人还是表现出非常专业化的海洋族群的特征。他们没有留下后代就灭绝了。在距今约三万五千年前,他们突然间就被第一批真正的现代人——"晚期智人"(Homo sapiens sapiens),如克罗马农人——取代了。他们为什么会灭绝?是瘟疫造成了他们的大批死亡,从而把生存的空间留给了现代人?还是在与晚期智人争夺同一块生存地域时,被这个对环境的适应程度更高的新人类一点一点地侵入,而自己却不断地

图 47   奥尔图洞穴遗址,法国蒙彼利埃。尼安德特人狩猎者营地

后撤,最终至于完全灭绝? 所有这些假说都可以成立,但却没有一种说法能提出坚实的证据。无论其原因如何,我们所看到的事实是,他们是随着另一个种群的扩张而灭绝了,或者反过来说,另一个种群的扩张是继他们的灭绝之后而开始出现的。尼安德特人被古现代人,即被早已形成、但在中更新世晚期至晚更新世早期出现在近东的前克罗马农人取代了。在大约三万五千年前,尼安德特人在整个欧洲突然完全让位于第一批出现的晚期智人。

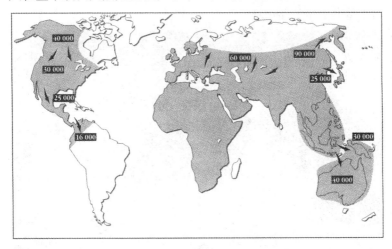

图48　晚期智人征服全球

第一个尼安德特人的遗址是一个工人一八五六年在德国的尼安德特发现的。他在一个显然是墓地的古代洞穴中发现了一个颅顶骨和几个人类的长骨化石。然而在那个时代,人类的起源和进化问题尚未被提出,所以人们对他所进行的惟一推测,是要弄清楚他是一个真正的古代人还是一个病变的人。这两种看法当时曾引

发了一场针锋相对的辩论。今天,尼安德特人早已闻名于世,因为
其完整的骨骼化石在许多地方均有发现,尤其是科雷兹省的沙贝
勒奥散(Chapelle-aux-Saints)遗址和多尔多涅地区的拉·菲拉西
(La Ferrassie)遗址的发现更为著名。

　　事实上,在拉·菲拉西岩壁下的简陋的住处里,人们曾于一九
零九年、一九二一年和近期的一九七三年等不同时期,先后出土了
两个成年人的完整骨骼和六个儿童的基本完整的遗骨。他们都是
出于殡葬的目的而被埋葬的。

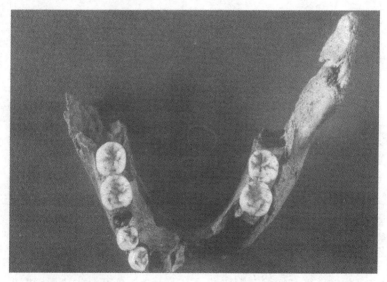

图49　奥尔图洞穴中的尼安德特人颌骨

　　奥尔图山洞位于地中海的朗各多克地区埃罗省瓦尔伏露奈
乡,距蒙彼利埃北二十来公里。在这个遗址中出土了二十来个独
立个体的人类化石遗存(图49)。由掺杂在食物残留中的遗骨的

分布状况、骨头的断裂类型以及年幼的骨头所占大数量比例等现象来看,我们可以认为,住在这个山洞里的尼安德特狩猎者还保持着吃人肉的习惯。

在一九三九年发掘的罗马南一百公里的西尔斯山(Circé)的瓜达里(Guattari)洞穴遗址中,考古人员发现了一个放置在地面上的人类头骨,其周围环绕着一圈石块(图50)。该头骨的枕骨部位被开出了一个大洞,早期的研究认为这是出于仪式目的而在头颅上打出洞口,以取出脑髓。最新的研究则表明这里本是鬣狗的栖身之处,该头骨是被这种食肉动物带进洞里的。

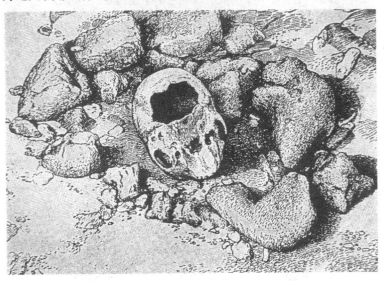

图50　西尔斯山遗址尼安德特人头骨,意大利

在位于以色列纳扎海特(Nazareth)二点五公里远的恰夫热(Qafzeh)洞穴中,从掺杂着十五个左右的莫斯特式工具的地层中

出土了六个较年轻的成年人和七个儿童的化石遗存。其中许多都有坟地(图51)。

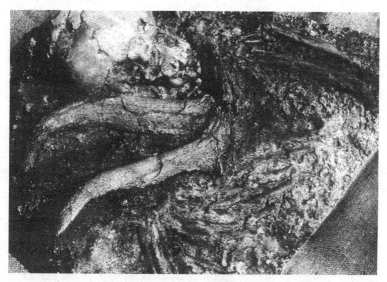

图51 恰夫热塔遗儿童墓葬,以色列

在伊拉克库尔德地区的莎尼达尔(Shanidar)洞穴中,也发现了七个个体的化石遗存,其中一个是儿童。其中的一个坟穴(individu IV)的泥土中含有大量的植物花粉,这证明该死者的遗体是被放置在由田间野花铺成的花毯之上的。

这个时期的自然环境呈现出一种冰封的景观。事实上,早期的尼安德特人是生活在一个相对暖、热且湿润的时期,那时欧洲覆盖着大片的森林,但到了最后一个冰期的开始时期,气候变得再度寒冷起来。海平面逐渐下降,一部分海水在大陆的高山中凝结成巨冰贮存起来。森林开始一点一点地减退,代之而来的是巨大的干草原。在八万年到三万五千年前之间，人类经受了气候的多次冷、暖、干、湿的波动与反复。

尼安德特人已能通过调节相应的生活方式来适应严酷的环境。在森林密布的环境中，他们狩猎鹿或野猪一类的动物，而当气候变得越来越冷、越来越干燥，大地为干草原或草原地貌所主宰时，他们则以猎捕大型食草动物为生（图52、53）。

正是从这个时期开始，专向狩猎活动成为固定的规律性活动。这一狩猎方式的演进在陶塔维尔洞穴中已出现雏形。

但只是到了尼安德特人的时代，专向狩猎者的营地才开始出现得频繁起来。比如，在塔尔那省皮塞尔西（Puycelsi）的卢盖特（Rouquette）遗址中发现了猎马者的营地，在加尔东（Gardon）峡谷的埃斯齐苏-各拉巴乌（Esquicho-Grapaou）遗址中发现了驯鹿狩猎者的营地。在这些遗址中，有些动物，特别是狼、狐狸、狮子，有时还有豹子和熊等，所占的较小比例（约百分之十）表明，它们无疑是为了获得皮毛而被猎捕的。

尼安德特人石器的特点是越来越规范化、标准化。他们继承并改进了发明于约三十四万年前的勒瓦卢瓦式剥片技术，从而制造出标准的、极为平直的和四周都具有锋刃的大型石片工具。除了勒瓦卢瓦式石片外，他们也制造了其他更厚重的非常标准化的传统工具。

多种形制的工具标志着莫斯特石器的特征。刮削器——即通过对石片的一个边缘进行不断的修治加工而成——多种多样，有简单型的，有双面型的，还有聚拢型的（图56）。尖状器，有时又被称为"莫斯特式尖状器"，是一种两边锋刃向上聚合的聚拢型

图 52　奥尔图。景观复原图。

山洞下面是在草原上觅食的马群。Eric Guerrier 绘

图 53　奥尔图。景观复原图。

羱羊栖居在高原的峭壁上。Eric Guerrier 绘

图 54　拉·菲拉西遗址。法国多尔多涅
旧石器时代中期的大型居所

刮削器（图 55）。limace 石器是一种通过对石料的两面逐渐向两
边打薄而成。齿状器的特征非常明显，它是用槽状器在石片锋刃
上打出一个挨一个的槽齿。槽状器的制造方法有两种：一种是用
撞击器一次砸击石片而成，称为"克拉克当式槽状器"（encoche
clactonienne）；或是用小型整修器修治而成，称为"整修式槽状器"
（encoche retouchée）。但刮刀和刻刀却很少见。

　　莫斯特石器的分类是由不同类型石器所占数量比例确定的，
其中特别是刮削器和齿状器所占的比例。我们通常所说的"莫斯
特型器"或"夏特朗式莫斯特型器"指的是刮削器占主导地位时的
石器，而"莫斯特齿状器"指的是齿状器占优势地位时的石器。

图55　旧石器时代中期的莫斯特型尖状器（6.4cm）和刮削器（8.7cm）

对石料的剥离方法在这一时期也成为一种有意识的行为，这一点可以由勒瓦卢瓦式剥片技术有时被普遍使用、有时只是被偶然使用的事实得到证明。

通过对这些标准进行综合研究，我们可以区别出多种类别的石器。在典型的莫斯特石器中尖状器的数量很大，两面器则非常鲜见甚至阙如，刮削器的比例为百分之二十五到百分之五十不等。在齐那（Quina）型和拉·菲拉西型的莫斯特石器中，刮削器占到百分之五十到百分之八十。这两类刮削器的主要区别表现在勒瓦卢瓦剥片技术的使用情况。齿状的莫斯特石器的典型特征是没有两面器和尖状器，但齿状器所占比例较大，达百分之三十五到百分之五十，这有时运用了勒瓦卢瓦式剥片技术。但在阿舍利传统的

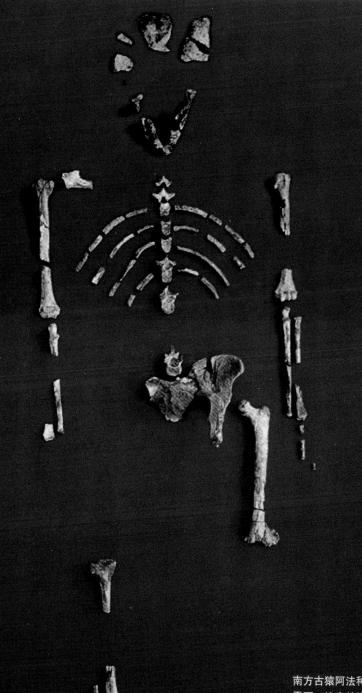

南方古猿阿法种
露西，埃塞俄比亚

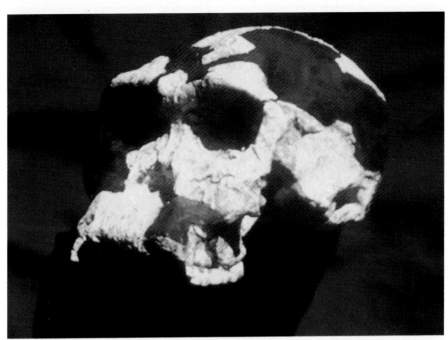

能人，奥杜韦，坦桑尼亚
直立人，KNM ER 3733，肯尼亚

瓦罗纳山洞，罗克布鲁恩卡普马丁，法国

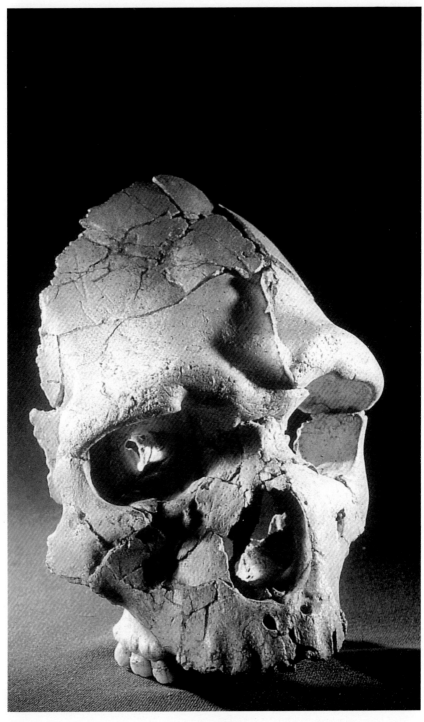

陶塔维尔人头骨（拉加戈 21 号），距今四十五万年

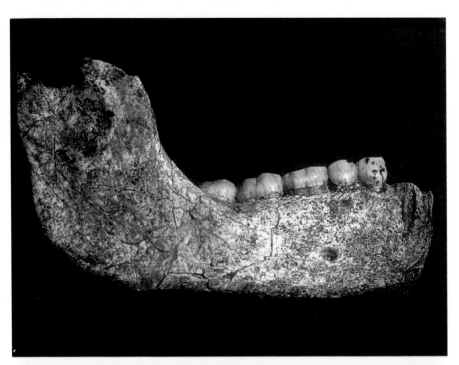

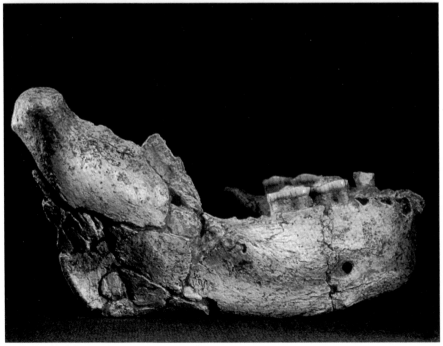

拉加戈 13 号颌骨，年轻成年男性
拉加戈 2 号颌骨，老年女性

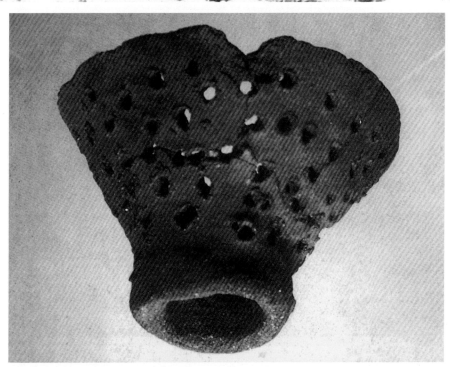

拉高纳·德·拉加戈山洞入口，法国
新石器时代的干酪沥器

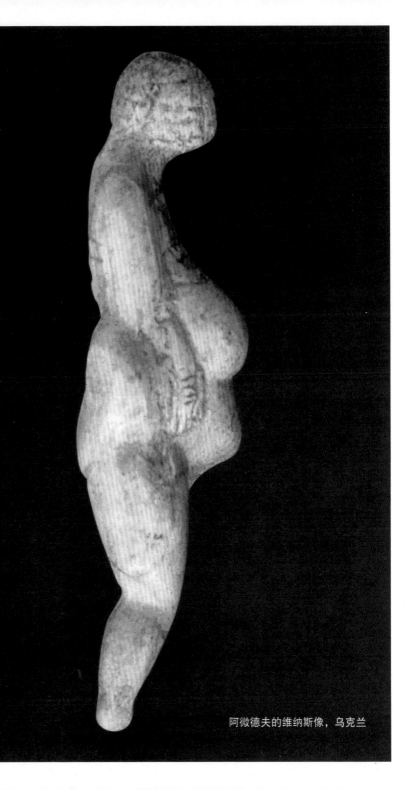

阿微德夫的维纳斯像，乌克兰

周口店山洞复原图，中国
拉斯库山洞角落壁画中的马

图56　刮削器(10.9cm)。沙朗特之齐那遗址出土

莫斯特石器中,有丰富的两面器(占百分之二到百分之十)、尖状器和齿状器,也包括少许旧石器时代晚期的工具(有背石刀、薄石片、凿刀等)。各式各样丰富的莫斯特型石器还分布在整个欧亚大陆的许多地区,如欧洲、俄罗斯、印度、巴基斯坦、中国……最后,在非洲北部和撒哈拉南部地区也有他们的踪迹。

　　这些非常规范的工具,代表着始于旧石器早期的阿舍利石器的最高发展水平,就像尼安德特工具标志着直立人石器的最高阶段一样。要在莫斯特人和阿舍利人之间,尼安德特人和前尼安德特人或者说进化程度最高的直立人之间进行明确的区分并非易事,他们的区别更多的是一种约定俗成的看法。就其形体特征而言,尼安德特人属于一种获得了与现代人相似脑容量的直立人;从文化类型上讲,莫斯特人属于一种标准化了的阿舍利型石器,但没有两面器的文化。鉴于在区分早期阿舍利工具和晚期阿舍利工具方面的困难,今天的一些研究者倾向于把出现了勒瓦卢瓦式剥片技术、器型非常规范的整个旧石器时代晚期中间阶段的工具统称为"莫斯特式"。

莫斯特文化甚至在尼安德特人没有涉足的地区也有发现,确切地说是在发现了前克罗马农人的洞穴里,也有他们的文化遗存。但是,我们却不可能在他们的形体进化和文化发展之间建立起联系。

尼安德特人的伟大创造是墓葬。在约十万或八万年前,由西欧最古老的尼安德特人开始,人类第一次把死者埋进了墓地。比如,在直布罗陀戴维尔塔(Devil's Tower)曾发现了有可能源自非常古老坟墓中的尼安德特人的遗存。但早期的墓地为数很少。那时的尼安德特人还不是人一死就埋葬死者。另外,在尼安德特人住所的地层中,也发现过与食物残留混在一起的人类骨骼残片,比如奥尔图洞穴和埃罗省的洞穴就是如此。

一些真正的墓穴已重见天日,其中就有布伊梭尼(Bouysson-nie)和巴尔东(Bardon)两位修士于一九零八年发现的科雷兹省的沙贝勒奥散洞穴。史前人类在这里挖出了一个长方形的墓穴,把死者仰身葬在其中,双腿上曲并侧向右方,右胳膊支在头部。躯体四周放着一些小肉块。另外还出土了一些动物的长骨碎片,特别是一个鹿的胸骨和脊柱,以及野牛的脚骨等。

另有一些墓穴价值更为重要。比如多尔多涅的洒微涅克·杜·布各镇发现的拉·菲拉西遗址,就是一个真正的公墓(图

54）。在堆积层的下部，德尼·皮罗尼（Denis Peyrony）发现了十一个墓穴，其中有一个男性、一个女性和多个儿童的墓穴。一些小墓穴上面还堆成小丘，其中之一上面甚至还盖着一块大石头。这个公墓是目前已知的最古老的坟墓之一。在乌兹别克斯坦的特什克·塔什公墓中，埋葬着一个约十岁的尼安德特少年，周围垂直摆放着五对尖部朝下的羱羊角，组成一个冠状环。

这些坟墓标志着丧葬仪式的出现，特别是有时放置在墓穴中的祭品，无疑证明了对来世的信仰，这其实表达的就是一种宗教感情。正是从尼安德特人开始，人类对死亡产生了形而上的忧虑，这促使人们去否定死亡，想象着在另一个世界中还会继续生命的历程。

这时期的人类还仍然生活在露野或是山洞中。我们对山洞住所的情况了解要更多一些，这自然是因为这类遗址的保存状况要好得多。就露天营地来看，人类的住所主要集中在河岸地带。

我们已能够把多种类型的尼安德特人的营地梳理清楚了。其中长期住所往往有大量堆积的遗物，诸如多种动物种群的化石和丰富的石器工具。比如在沃克吕兹省的鲍姆·德·悖哈尔（Baume de Peyrards）遗址和多尔多涅的拉·菲拉西大型住所遗址，似乎都曾是人类长期居住过的基本营地。最简陋的住所则很有可能都是季节性的短期营地。而那些物质材料和动物骨骼化石很少，并且只有少数几个石片、尖状器和刮削器的遗址，则更像是狩猎者歇脚的茅棚。比如奥尔图山洞就属此列。该营地位于蒙彼利埃北二十五公里处，是五万年到三万五千年前羱羊狩猎者在高出河流二百米的凸出岩壁上驻扎的营地，这里也是山岩动物的天然栖身之所。

通过对尼安德特人用作工具的岩石产地的研究,我们发现他们很少到超过四十或五十公里处的地方去寻找石器原料。因此,他们的狩猎地域,就像直立人和前尼安德特人一样,局限在直径三十到五十公里的范围内,或许会稍大一些,但这些莫斯特人的诸文化群体似乎总是依赖于特定的地域范围。这就是为什么在有些地区出土的多是齐那型的夏特朗式石器,而在另一些地区则多是典型的莫斯特式石器。

尼安德特人拥有一套水平高的、规范的和非常标准的石制工具,这就把他们和他们的前辈阿舍利人区别开来:此时两面器已逐渐消失,但还没有开始使用规整的双面石片,这将是此后的旧石器晚期的特有工具;也没有发明骨制工具。尽管他们已使用骨头,但并不是专门的骨制工具(当时可能已存在着骨制刮削器),或许在某些情况下,有可能出现了粗糙的骨锥。

他们还没有创造艺术。他们既不会凿刻,也不会涂绘或雕刻。不过,在多处莫斯特遗址中,我们都曾发现经过打磨的、光滑的和使用过的天然红炭笔,这极有可能是用来描画皮肤和身体的。谁也无法知道他们画的到底是什么,但可以肯定的是,他们使用了这些颜料。尼安德特人也没有发明出装饰艺术,在与莫斯特工具有关的遗存中,迄今未曾发现任何装饰材料,诸如牙齿或有孔贝壳等。

他们过着采集和狩猎生活,无疑已不再是尸食人类了。他们早已放弃了食尸肉的习惯。他们已开始在河里进行渔猎并拾捡贝类动物,奥德省新门(Port-la-Nouvelle)的拉芒蒂尔(Ramandils)洞穴的发现即为一例。但这只是一个特例。渔猎活动只是在以后的旧石器时代晚期才普及起来。

　尼安德特人的住房建造技术有了很大的提高,特别是在乌克兰第涅斯特勒河的右岸,俄罗斯的考古学家在莫洛托娃一号和五号(Molodova I, V)遗址中发现了一个距今约五万年的真正的椭圆形棚屋地基。该棚屋的面积应为 10×7 米,四周残留着猛犸象的骨骼(象牙、肩胛骨、盆骨、腭骨和较长的骨头),它们肯定是被用来搭建墙壁的。对地表残留物的分布研究表明,正对着棚屋两个相背的入口,开有两个门。沿着屋中的纵轴,分布着十五个地炉。这个棚屋表明,自此以后,人类已能够建造更舒适的住所了。

　尼安德特人已经完全掌握了火的使用,已有能力建造棚屋,并且也应该知道了制作衣服。事实上,对骨骼上残留痕迹的研究表明,他们应该已能剥取动物的跟腱骨,并可能用来缝制衣服。这是人类第一次在寒温带地区留下自己的足迹。由莫洛托娃一号和五号遗址所显示的种种迹象,我们甚至还可以作进一步的推测:人类很可能已学会了在永久冻土地区,即极其严寒的地区进行不定期的、因时而宜的生活本领了。总之,从尼安德特人开始,人类已有能力适应极度严酷的自然环境了。

第七章　最早的现代人

距今三万五千年前，第一批现代人在世界的很多地方发展起来。他们的前身是被称作"原克罗马农人"的古现代人。后者距今约十万年，其遗址在近东多有发现，特别是在靠近纳扎海特（Nazareth）的恰夫热（Qafzeh）山洞和卡迈尔（Camel）山的斯库尔（Skhul）山洞的发现更为重要。

事实上，该时期人类的出现预示了现代人的到来。其前额向上高起；随着犬齿腔的出现、上颌窦的退化以及下巴的凸起在腭骨上的形成，其面部变得愈为细腻起来。这些表征都是现代人体质的典型特征。这些古现代人和尼安德特人一样，是最早一批埋葬死者的人类。其文化的方方面面自始至终都是和莫斯特文化联系在一起的：所有与原克罗马农人相关的石器与工具，都是与在晚更新世早期，即十万年到三万五千年前，占据整个西欧的尼安德特人完全一致的。

从三万五千年前起，真正的现代人出现了。他们具有更为发达的前额，形成了一个既大又垂直的前额骨壁。这就是"晚期智人"（Homo sapiens sapiens）。据最新的碳 14 年代测定，他们于三万八千年前出现在西欧。他们也将是通常所说的"旧石器晚期"文明的创造者。他们的身材高大，身高介于 1.75 米到 1.85 米之间;其长骨通常显得粗壮,肌肉附着强劲;庞大的头骨呈伸长形,平均脑容量约达 1400 立方厘米。

但最具特征的,是他们高起的额头,其垂直的额壁位于眶骨上方;与尼安德特人相反,其脸部没有眉上骨突。整个脸部显得特别宽、低,眼眶呈矩形并横向拉长。鼻架骨上扬;犬齿腔的出现和上颌窦的退化在上颌骨处形成了一个凹陷区。尼安德特人的窦腔非常发达,形成了鼓胀而凸起的面部。其下颌骨总是显得极为粗壮,并有了凸起的下巴。

在三万五千年至一万年前的进化过程中,现代人将进一步纤细化。头骨将变得更为优美,骨凸将渐趋柔缓,面部相对缩小,整体形象逐渐变小。前额的巨大变化必然与大脑的改变有密切关系,并与前部的额叶——这里是产生思维与观念的地方——增大紧密相关。这将引发象征思维的出现,或至少是孕育了这一思维方式的萌芽。他们将创造出艺术,如服饰、绘画、线刻、雕塑和稍后出现的塑形艺术等。

现代人的进化始于相当早的时代。可以肯定的是,他们是在直立人分布的地域中——尤其是非洲、近东和旧大陆——开始出现并进化的。在西欧,直立人的进化所完成的最终结果,是在三万五千年前尼安德特人突然消失,取而代之的是另一个进化程度更高的人类种群,即原克罗马农人。大约从十万年前起,同样生活在直立人环境中的原克罗马农人,开始了面部纤细化的进化过程,其眉间骨突进一步退化直至消失,头骨部分也发生了重大变化。极有可能的是,这些古典型的现代人,即原克罗马农人,在三万五千年前侵占了尼安德特人的地域,并以剧烈的方式突然间将其取而代之。自一八六五年埃伊（Eyzies）洞穴的克罗马农人墓穴被发现以来，他们就举世闻名了。他们是晚期智人，即真正的现代人的最早代表（图57）。

这些最早的现代人为今天的人类创造了色彩纷呈的、令人赞叹的文化遗产。在整个旧石器时代晚期，其工具以特有的剥片技术和对骨质工具的使用而区别于旧石器时代中期。早期的晚期智人通过对片状石器的器型进行规范，明显地发展了石器的打制技术。他们能成功地从卵石、燧石、石英石和石英岩等石料中剥离出两面有锋刃的长石片。与此同时，石器工具变得更为轻巧。剥离出的石片显得更长更直。在这些越来越轻巧的石片材料上，人们可以修治出很长的锋刃。

随着对剥离石片的利用，许多新型的工具也将得到发展。在莫斯特文化中就已存在的刮削器，此时期其刃部边缘普遍得到了更加规范化的修治，并大量生产。在莫斯特文化中还极为罕见的石凿，此时数量大大增加。在某些旧石器晚期的文化中，比如在奥瑞纳文化中，刮削器要比凿刀的数量大得多；但在另一些文化中，如格拉威特型文化，凿刀的数量又比刮削器丰富得多。该时期还有另一种石器得到了发展，并在一些文明中获得了广泛的使用，这就是石针。这是一种尖端非常锐利的小型尖状器，通常是在石片两侧一片挨一片地剥离石块而制造出来的。最后，还有一种石器也出现了很大的进步，这就是有背石刀，或者说有背尖状器。这种工具是在锋刃部分对石器的一面进行打磨，制成被称为"背"的凸起边缘。凿刀和石针是两种新工具，极有可能是随着某些手工业活动的展开而出现的：对皮毛的加工和缝纫促成了石针的诞生，对

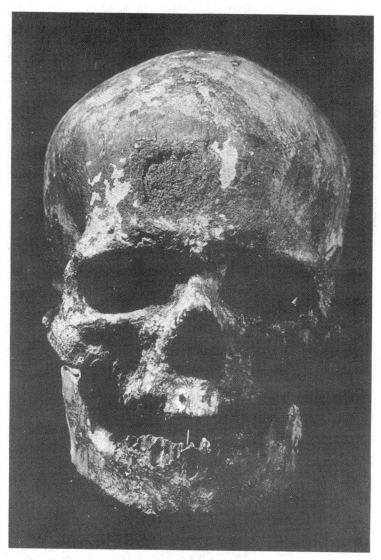

图 57　克罗马农人老人头骨,法国,多尔多涅

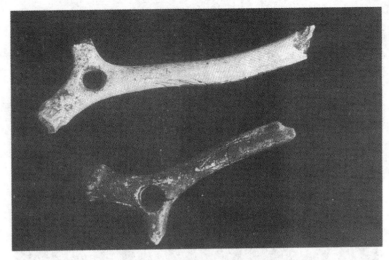

图 58　有孔骨棒,即投枪矫直器

木料、骨头的加工和雕刻使石凿应运而生。

　　其他类型的工具也将面世。人类第一次有了骨制工具。其中最先出现的是骨针和有时被叫作"指挥棒"的有孔骨棒,后者事实上就是投枪矫直器(图58)。这类骨器显然是狩猎者的日用工具,其中一些还带有装饰物,在更晚的时代还在上面雕刻出图案。另外还有多种其他类型的骨器出现,比如距今约一万八千年的梭鲁特式有孔骨针和有眼骨针,距今一万四千年的中马达格林式带有一排或两排倒刺的鱼叉等。还有一种非常特别的、迄今还被澳大利亚土著及美洲爱斯基摩人使用着的工具,这就是投枪投掷器。这是一种用来大力投掷投枪的带钩骨棒。从一万四千年前开始,这种工具在旧石器时代晚期最后阶段的文化中,在马格德林诸文化中有着广泛的分布(图59)。这是一种狩猎者非常珍爱的工具,

图59 左图：旧石器时代晚期的有刃石核复原图
右图：旧石器时代晚期的骨制工具

因为有些投掷器上面还进行了装饰加工。比如在阿里埃日省恩来纳山洞（Enlène）出土的一件带钩投掷器上面，就雕有两个互相面对的羱羊。

在西欧，继之而来的是旧石器晚期的文化。正是在这个时期，我们第一次能够重溯各种文化的编年史，即借助于各具特色的工具，严格而精确地重构他们的发展过程。夏特尔佩洪式（Châtelperronien）石器（公元前三万四千年至公元前三万年）代表的是一种介于莫斯特和旧石器晚期过渡时期的石器。其中绝大部分工具主要是由莫斯特式石器（刮削器、齿状器等）构成的，但新的文化要素（夏特尔佩洪式石刀、骨质工具）的形成则宣告了最早的旧石器晚期文明的诞生。

该时期最古老的工具是介于三万年至二万六千年前的奥瑞纳式（Aurignacien）工具。其典型工具有经修治的厚重石片、窄长型石片、大量的刃状刮削器，以及片部较厚的流线形石器（图60）。这些工具通常是用典型的奥瑞纳式技术修治而成的。另外，在骨质工具方面，其种类多样，技术精进，主要器型有底部岔开的尖状器、骨针和有孔骨棒等。总之，这一时期的文明为我们留下了最珍贵的文化遗产，其中最有代表性的遗址有：孔布－加博尔（Combe-Capelle）、格里马迪（Grimaldi）遗址，特别是法国的克罗马农遗址；中欧的布里诺（Brno）和普来德穆斯特（Predmost）遗址。

图60　奥瑞纳式刮削器

其后，在距今二万六千年到二万年前期间，产生了格拉韦特

（Gravette）文明，有时也被称作"佩里高尔文明"（Périgordiennes）。其典型工具是石片型器，主要包括大量的有背石刀、尖状器（如格拉韦特尖状器）、数量相当多的经修治的无棱石凿，以及刮削器等。骨制工具主要包括斜棱或双棱的长投枪（图61）。

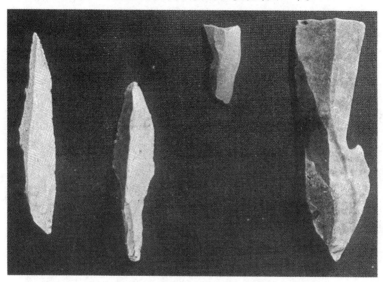

图61 格拉韦特式石器：格拉威特尖状器、有柄尖状器、石凿

随着梭鲁特（Solutréenné）文明的出现，打制石器达到了鼎盛时期。其典型工具是史前学家称为"桂叶形"的、有着漂亮叶形的燧石尖状器，它显示了当时手工艺人的精湛技巧。这一时期的工具又可分为如下几个不同的阶段。首先是面部平整的尖状器和单整修一面的尖状器；然后是梭鲁特中期桂叶形器，其中有些是技术型手工作品，比如在萨奥纳–鲁瓦（Saône-et-Loire）出土的著名的沃尔古叶形尖状器。最后一个阶段是标志着梭鲁特文明结束的有槽尖状器。此时的骨制工具种类较少，主要有钩型器、标枪、有孔棒和最早的有眼针。梭鲁特文化曾在二万年至一万六千年前主宰着整个西欧。

最后，在一万六千年前到一万年前之间，马格德林文明控制了西欧相当大的一部分地区，包括西班牙、法国西部，甚至还有罗讷河谷部分地区。在商瑟拉德（Chancelade）、卡普–布朗（Cap-Blanc）、普拉卡尔（Placard）、玛德莱娜（Madeleine）和圣日耳曼河（Saint-Germain-la-Riviere）等遗址的墓葬中，都发现了保存完好的遗物。马格德林文化并没有扩展到地中海地区，但在瑞士却有发现，比如日内瓦附近的如拉（Jura）和维利埃（Veyrier）遗址，就与法国马格德林后期文化存在着联系。该时期的主要器型是大量的石凿、石片端顶刮削器、针形器和有背石刀。骨制工具非常出色，有投枪（其中有些是进行了装饰加工的）、投掷器和骨叉等。

同时，在东欧，特别是在意大利，还出现了一种由格拉韦特分化出来的一种文化形态，我们称之为"格拉韦特晚期文明"（Épigravettien）。

马格德林晚期文明的最终完成阶段，是公元前一万年到公元前八千年期间发展起来的阿齐尔文化（azilienne）。其典型工具是半圆形的小型刮削器和弯背型的小石片（阿齐尔尖状器）。骨制工具则以鹿角制成的、底部带孔的平型鱼叉最为突出。

这些旧石器时代晚期诸文明之间的区别，除了上述的工具技术发展外（石片的分层剥片和骨制工具的出现），更表现在服饰与艺术方面的发明上。这两项人类历史上革命性的发明——旧石器晚期人类因此而成为最早的艺术家——证明了人类象征思维突飞猛进的飞跃。而这一思维形式的出现,与大脑前叶的形成(这一点可以由前额的发展得到证明)有着密不可分关系。

　　服饰的出现肇始于旧石器晚期的所有文明之中,亦即夏特尔佩洪过渡时期的文明。比如荣纳省阿尔西古尔(Arcy-sur-Cure)的雷纳(Renne)山洞,就属于与夏特尔佩洪文化相关的类型。我们在那里发现了用作服饰部件的有孔狐狸牙。

　　由大量有孔贝壳做成的链饰也时有发现。此类贝壳也可以用来制作发饰,比如在芒东(Menton)遗址中出土的头骨上的发网(图62);或者被用来装饰衣服(如白俄罗斯的松积尔(Sounguir)墓葬)。服饰上的装饰物经常由多种不同的坠饰组成,如骨坠、象牙坠、鹿角坠或是石坠,有时甚至是体积较大的坠饰。

图62　加维雍山洞墓葬,意大利,格里马迪

大量有孔针在旧石器晚期遗址中的发现,表明人们当时已能缝制出合身的衣服。毫无疑问,皮革加工是这一时期男人和妇女的首要工作之一。其时人类已开始穿衣的事实已经为松积尔墓葬,特别是其中的儿童合葬墓(图63)的相关发现得到确认。同时,在维也纳的马尔什(La Marche)洞穴发现的一些壁画和装饰图案也可以证明这一点。

一些墓葬中发现的多块服饰残片表明,那时的人类有了戴皮帽、穿衣、佩戴链饰和穿鹿皮鞋的习惯。

但旧石器晚期人类最大的创造是艺术,即壁画艺术。这是人类第一次具有了绘、刻、雕甚至是塑造的能力。他们开始是在小山洞里从事这些活动,后来又扩展到大山洞深处的岩壁上。其表现的重要主题是动物形象,却极少有人物形象。一九九四年十二月十八日在阿尔代什峡谷发现的距今三万年的芍维(Chauvet)洞穴,向我们展示出,从现代人的肇始时期开始,他们的艺术创造就达到了高峰。他们已发明了多种技术来表现景物和运动画面,也创造出了层次表现法和模糊表现法。我们可以说,芍维洞壁画的作者已经是一个艺术大师了。

自从十九世纪末发现了法国和西班牙康塔波里(cantabrique)岩画艺术以来,人们对古人在岩壁上使用的色彩原料及使用方法提出了种种假设。由对不同成分颜料的配制——这一点已为岩画成分的物理结构分析所证实——来看,他们已经掌握了颜料调配技术。

岩画中的颜色都取自不同矿物质的天然色料:黄、红和棕色出自赭石,黑色和深栗色出自锰矿石,白色出自高岭矿,橘黄色、红色

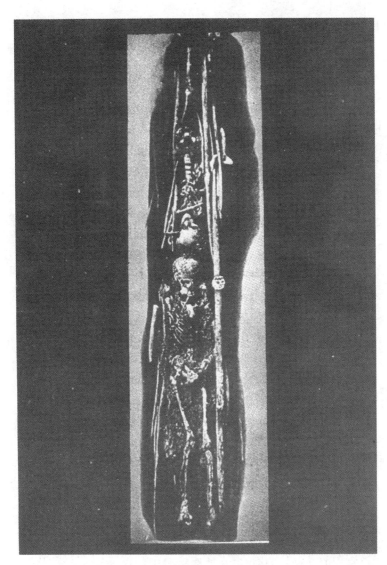

图 63 儿童双人墓葬,俄罗斯,松积尔

和茶褐色出自褐矿石和赤铁矿。颜料的制作过程是,先把原料石放入天然的石槽中,然后用平直或圆形的石棒,或用猎获的动物骨头,或用海贝贝壳等工具加以研磨而成。最后,艺术家再用水或是用动植物的油脂做黏合剂进行调配后,就可以在岩壁上进行绘画创作了。

岩画的制作似乎是在先期勾勒的线刻上进行的,并且还经常会在完成的岩画上再进行补刻。至于施涂颜料的方法,则可以在同一洞穴中同时或先后使用多种手段,比如可以用赭石笔、毛笔、手指和皮毛团进行描绘,也可以用吹管吹,或者直接用嘴把颜料喷到岩壁上。

旧石器时代有岩画装饰的岩洞,多分布在欧亚大陆的大西洋这一端,但在地中海以北直到乌拉尔地区,也有一些岩画分布。在法国西南部的多尔多涅、佩里高尔(Périgord)、阿里埃日、阿尔代什和马赛地区也均有发现。(图 64、65)

岩画艺术的形象主题在总体上具有一定的一致性。显而易见,动物在旧石器时代的狩猎经济中扮演了举足轻重的角色,因而动物形象也必定为他们的梦幻与想象提供了不尽的素材,激发了他们绘画与雕刻的灵感。有人曾提出这样一种说法,岩画中的动物之所以被选作绘画和雕刻的表现题材,是因为他们试图通过巫术力量在狩猎中猎获这些动物,因为岩画中所表现的动物至少有百分之十是被箭矢射中的情景。然而,岩洞壁画艺术并非与狩猎活动密不可分,因为,比如在拉斯库(Lascaux)岩洞的壁画中,人们主要食用的动物是驯鹿,但在所有壁画中却仅仅只有一个驯鹿的形象,而鹿是主要的表现题材。还有一种看法认为,岩画艺术涉及

图 64　拉斯库山洞大厅壁画中的褐色马群。法国，多尔多涅

图 65　拉斯库山洞壁画中的牝鹿和鹿群。法国，多尔多涅

生殖繁衍的观念,但这一观点同样得不到事实的支持,因为壁画中所表现的动物和雌性形象中,没有任何一个能代表生殖或繁衍的观念。

对旧石器时代壁画艺术的相关研究,已能揭示出它们的结构安排。但这些作品的内容却没有被清晰地叙述和解释出来,只是在整体上表现出一种象征式的和代码式的意蕴。有些研究者根据画中的一些模糊形象,并参证相关的民族学材料,鉴别出一些类似陷阱、茅屋、武器和徽章之类的图形。而安德烈·勒鲁瓦-古朗(Andre Leroi-Gourhan)则通过对不同线条、图形的年代序列和形态分布的研究,认为画中的形象多是男性和女性的性器象征。其中椭圆形、三角形的图形和四边形线形其实是或多或少带有抽象性的女阴象征,而尖状和小棒形则为男性性器,只不过后者的抽象程度超过了以简单的类似手法表现的女阴象征。无论其形象到底为何,有一点是可以肯定的,即这些图形所涉及的都是象征性的代码,比如,在一些特定种类动物之间存在着固定的联系,在一些不同类型的图形之间存在着一种优先的选择关系,它们或呈直线状排列,或成双成对出现,不一而足。

人类那时在洞内的石壁上凿出小坑作灯盏,燃料是一些有机材料,如油、脂肪等。有了灯光,人们就能够进入洞穴深处。这类灯盏在许多洞穴中都有发现,比如拉·穆特(La Moute)山洞、牟斯梯埃山洞(Moustier)和拉斯库山洞等。在拉斯格深处的祭坛上,出土了一个用红砂岩制成的灯盏和一百多个未经加工、但却是经过挑选的自然凹陷形成的本地石灰岩糙石灯盏。其微弱的灯光该是像摇曳的蜡烛光,能创造出一种特殊的氛围。人们曾做过模仿实验来验证那种特有的感觉和体验：在摇曳颤动的微光下，壁画上的动物似乎动了起来，人们于是便会产生一种神奇的虚幻感觉。

与岩画艺术诞生的同时，另一种重要的艺术门类——装饰艺术——也发展起来。这一艺术的种类很多，它可以是把骨头切断再打孔制成的骨环，上面再刻上动物形象；也可以是母鹿、野牛、马的轮廓像；或者是女性小雕像；还有刻绘的小板，配以装饰图案的工具和武器，以及小型雕像，等等。由最早的奥瑞纳式的圆雕到马格德林式物件上的精美的线刻图案，装饰艺术在整个旧石器时代晚期都得到了持续的发展。它的分布地域和密度都远大于岩画艺术，这就很好地说明了人口的移动和不同文化的接触。

在奥瑞纳文化中，我们发现的服装佩饰数量极大（如有孔牙齿、有孔贝壳）。从这些佩饰在墓葬中的放置情况，也可以看出它们的用途。除了在骨头上和象牙上以直线、斜线、x 形线和 y 形线刻划出的装饰图案外，最早以圆雕形式表现的维纳斯雕像也面世了。

从人类开始使用带有装饰图案的骨器之初，格拉韦特装饰艺术就出现了。动物形象也被雕刻在岩石支柱上。但最令人惊奇的是，不同的维纳斯女神雕像在范围很广大的地域都得到了传播，并且具有的极其相似的风格：这些象牙质的、骨质的或石质的小雕像，都是通过夸张的、极规范的形式来表现女性形象。它们在很多地区都有发现，如在法国上加龙省的莱斯皮格（Lespigue）（图 66）及朗德省的布拉桑普易（Brassempouy），在意大利的撒微那挪（Savignano）（图 67），以及乌克兰的考斯天齐（Kostienki）和阿微德夫（Avdeevo）等。这就证明，这些介于两万六千年和两万年前之

图66　莱斯皮格的维纳斯雕像
法国上加龙省

间的欧洲格拉韦特文明,同属于一个巨大的文化单位。我们也发现了用雕刻和线刻形式装饰的有孔棒和投掷器,我们甚至还可以在这些装饰图案上面看到一些幽默的画面,比如在马斯达齐尔(Mas d'Azil)的一件器物上,就有一个岩羚羊正在翘起尾巴拉屎,还有一只啄食的鸟。在昂莱纳岩洞出土的一件带钩投掷器上,还雕刻着两只正在角抵的岩羚羊(图68)。

到了梭鲁特文化时期,装饰艺术已不怎么重要了,代之而来的主要是刻有平行线条的骨器和牙器饰品,以及各种装饰性坠子

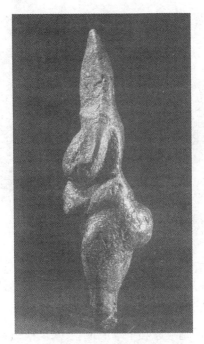

图67　撒微那挪的维纳斯雕像
意大利

（有孔牙齿、珍珠）。

在马格德林时期,器物成了多种基本图形（如切口形和壳斗形）和复杂图形的装饰对象,这些图形有时还具有象征意味。雕塑艺术虽没有格拉韦特时期多,但多是在断面较大且平整的骨头上,刻绘几何状的图形或逼真的形象（如动物头部）。在马格德林文明晚期,装饰艺术渐朝着由程式化图形确立的概念化方向发展。

旧石器时代晚期的人类在三万年前至一万年前占据了整个西欧。他们生活在最严酷的自然环境之中,因为这是最后一个冰期

图68　卡纳考德山洞出土的投掷器

中最寒冷的阶段,甚至也是整个第四纪所有冰期中最寒冷的一个
时期。那时的冰川南下,扩展的地域一直延伸至英格兰中部、法国
的布列塔尼、德国北部和波兰北部。气候因此变得酷寒。森林消
失了,代之而来的是草原和干草原地貌,寒风横扫着这块开阔而干
燥的大地,带来大量的尘土,形成重要的黄土堆积。在这块广袤的
大地上,生长繁衍着大群大群的食草动物,有野牛、马,还有驯鹿。

　　这时期的人类是驯鹿的狩猎者。他们的生活方式大部分是与
饮食习惯密不可分的。在多尔多涅以及巴黎盆地的品色旺(Pin-
cevent)地区,人类和驯鹿生活在平衡的状态下。在其他地区,比
如在乌克兰,人类则和猛犸象相处在同一环境中。由猛犸象狩猎
者的营地可以看出,他们所安身的棚屋全是用猛犸象骨骼搭建的:
四周的屋壁是用猛犸象的脊椎骨或层层叠起的颚骨搭建而成,象
牙则用来构筑棚顶,而棚顶又肯定是用猛犸象的皮毛铺就的。地
面上的火塘也应该是用猛犸象的脂肪油或骨头做燃料的。同时,

人们吃的是猛犸肉,穿的是猛犸皮,用的是用猛犸牙制成的工具。在这里,人们和猛犸象同处共生。而在西欧,人类则与驯鹿相依为命。

　　这些旧石器晚期游牧狩猎者通常是在岩棚下安营扎寨,或是在山洞的入口处依洞壁搭建棚舍。

　　在平原上,在河岸边,人们围着火塘扎起了暂时的营地。这类露天营地在东欧、乌克兰和俄罗斯等没有洞穴的大草原地带尤为常见,狩猎者常会用石块搭起巨大的圆形棚屋。而在东欧,这类棚屋则常是用从草原上捡来猛犸象骨骼搭起来的(如马扎里奇Mezheritch、蒙奇纳Mézine和格斯天奇等遗址)(图69、70、71、72)。在缺少木材的地区,动物骨头也被用作燃料。

图69　马扎里奇遗址,乌克兰

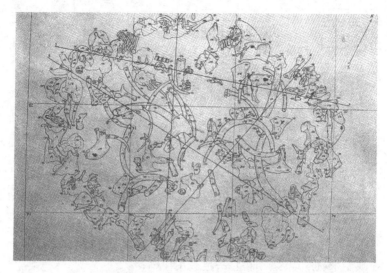

图 70　马扎里奇遗址,乌克兰

图 71　马扎里奇遗址,乌克兰

图72　马扎里奇遗址,乌克兰

　　在靠近蒙特罗(位于塞纳-马恩省)的品色旺遗址,属于马格德林文化的狩猎者建成了由三部分组成的帐篷,屋顶铺着毛皮,由三捆木桩支撑着。每个帐篷都有一个主出口和两个侧门。火塘是一个直径为五十厘米的盆坑。整个帐篷的面积大约三十平方米,可容纳十到十五个人居住。

　　也是在旧石器时代晚期,人类第一次踏上了北极的土地,进入了北极圈,因为他们已具备了在永久冻土地区生存的能力。这就意味着人类在住房的建造和服饰的制作方面有了更大的进步。我们知道,旧石器时代晚期的人类已能缝制出非常舒适的衣服。因此,在广袤的俄罗斯大平原上,在莫斯科以北二百公里远的松积尔墓穴中,就曾出土了一具大约四十来岁的男尸骨骼,他是穿着奢华的服装被埋进黄土中的。自然,衣料已完全消失了,但由于在衣服上缝缀了大量精磨细琢的象牙质和有孔环等饰物,我们很容易复原这件衣服(图73)。他头上环前额扎着一个饰带;上身穿着一件长袖外套,胳膊上戴着链形饰物,胸部佩着带状饰物,手上戴着手套;下身穿着长裤;脚上甚至还穿着鹿皮靴。这肯定不是日常的穿戴,而应该是专门的丧葬服饰。不过,即使在平时,这些旧石器时代晚期的人们已经有能力或者说不得不缝制出极为舒适的衣服,包括上衣和裤子,来抵御恶劣的自然环境。因为这是一块永远都不会解冻的土地。人们在地面上搭建棚屋,或是在地下掘出洞穴修筑穴棚,以躲风避寒,栖息生存。乌克兰的马扎里奇遗址就是如此。

这时期的人类也是最早的航海者。他们第一次有了造船的能力,或者更准确地说,是造出了载着命运和希望的木筏。虽然在那些靠双脚永远不可能到达的地区,至今还没有发现船只的实证,但我们却可以说明其存在的可能性。这就是人类第一次到达撒丁岛的事实。近期在这里的岩洞中发现了旧石器时代晚期人类遗留下来的骨骼化石、狩猎残留和剥离的石片。正是在这个时期,在大约三万五千年前到三万八千年前之间,人类第一次登上了萨胡尔(Sahul)大陆,即在冰期把澳大利亚、新几内亚和塔斯马尼亚岛连在一起的大陆。在第四纪规律性出现的冰期中,海水平均下降约一百一十米,因为有相当一大部分的海水被冰存在大陆上面。其时东南亚的巽他群岛、爪哇岛、博尔内奥(Borneo)和苏门答腊岛都与大陆相连,而澳大利亚、塔斯马尼亚岛和苏门答腊岛则构成了一个完整的大陆。在这两个大陆之间,曾经存在过一个被生物地理学家和古生物学家称为"瓦拉斯线"(Wallace)的海峡。它虽然较

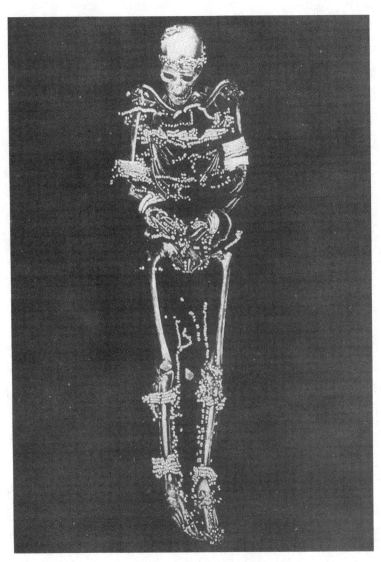

图 73　墓中的成年人,俄罗斯,松积尔

窄,但人类和哺乳动物却绝不可能跨越。只有到了旧石器时代晚期,人类才具备了穿越这条海峡的能力。因而,正是从三万五千年前到三万六千年前开始,在澳大利亚和新几内亚才出现了最早的居民。在澳大利亚南部,特别是梅高(Mungo),曾出土了与形制仍十分古老的石器共生的头骨化石。这些石器虽然和西欧旧石器时代晚期文明并不相同,但毫无疑问是打制石器。无疑,他们也是与最终移居到美洲大陆的人类生活在同一个时期。但此时的美洲人不是用船,而是用双脚跨过了白令海峡。那时的白令海峡因海平面下降而形成了两千多公里长的地峡,从而使旧石器晚期的人类可以多批次地进入美洲大陆。由这一时期开始,美洲成了越来越重要的永久定居地。

旧石器时代晚期的狩猎者所组织的狩猎活动也越来越专门化,狩猎对象一般是驯鹿和猛犸象,有时也有野牛和马。他们在追踪兽群的技术方面享有盛名。投掷器的使用使得他们在速度快的动物面前不再无能为力,投枪掷射的准确性和击中猎物的力度也有了很大的提高。弹弓也被用于狩猎活动。考古发现证明,他们也使用轰赶猎物的方法。

如果说狩猎是旧石器晚期人类的主要谋生手段之一的话,那么,他们并没有放弃同样重要的另一种手段——采集活动。他们必定也以此谋生,但我们很难发现实证,因为植物的果实、谷粒无法或很少能保存下来。不过,有时我们也能发现一些经火烤烧后炭化的谷粒,由此可以确认旧石器晚期的人类一直从事着采集活动。

为了确保能生存下去,旧石器晚期的人类,尤其是从马格德林文明开始,进一步加强了渔猎活动。这是史前人类第一次成为真正的渔猎者。他们的部分工具,特别是有背小薄石片和有倒刺的小鱼钩,还有真正的马格德林式鱼叉,证实这一时期已开展了渔猎活动。同时,该文明的住所遗址中发现的较大数量的鱼骨,也同样可以证明这一事实。但对这些鱼骨的观察研究表明,他们所捕捞的鱼类多是淡水鱼,特别是鳟鱼,即使是生活在海边的人群也不例外,比如格里马迪洞穴遗址即是如此。对海鱼的捕食应该是很晚才出现的事,这要等到中石器时代,即公元前八千年前,人类才真正开始此项捕鱼活动。骨制鱼钩出现于马格德林文明中期,距今约一万四千年。

从旧石器时代末期开始,面对大型食草动物兽群的锐减,集中采捡贝类动物的活动在一些人类群体中占据了主导地位。

旧石器时代晚期的所有墓葬都表现出一些共同的特点,即骨骼以平身或曲身姿势放置在墓穴中,身上还经常覆盖着红色赭土。人们还经常用一些饰物(贝壳链饰)、装饰艺术品或武器为死者做陪葬。墓穴多用石块或大型哺乳动物的骨头(如捷克南摩拉维亚的巴维洛夫遗址中的肩胛骨)保护起来。在格里马迪的墓穴中,一个成年人的头部上方垂直矗立着三块大石头,上面平放着第四块大石头,整体构成箱子般的形状。

就一般情况而言,墓穴所占面积很小,其位置经常是在岩洞中或是在岩壁下的岩棚中。葬式可以是独体葬,也可以是两体合葬(如"孩儿洞",图74)或多体成组合葬(如克罗马农、普来德穆斯特等遗址)。有时肢体被放置成高度弯曲状,双腿向上弯曲至最高点(如"孩儿洞")。这一姿态意味着死者的躯体曾被捆扎,或许

图74 "孩儿洞"中的合葬墓,意大利,格里马迪

是被捆扎在皮袋之中。

一八七二年,爱米尔·里维埃尔(Emile Riviere)曾在加维雍山洞中发现了一个奥瑞纳文化的墓葬,其中发现了一个约十八岁的体格较高大的年轻男性的骨骼。骨骼呈左侧姿势。其头部覆盖着一个由二百多个有孔贝壳组成的发网,颚骨区摆放着二十九个鹿骨。透过打穿的前额,插着一个用鹿桡骨制成的骨质工具。两个三角形的燧石石片放置在头骨后面。左膝盖上方还放着四十一个有孔贝壳。

第八章　最后的狩猎者

介于公元前八千年至前六千年之间的旧石器末期文化和中石器文化构成了人类文明史上的一个真正的过渡阶段。它一方面标志着旧石器晚期那些伟大文明，即第四纪时期的狩猎文明的结束，另一方面又昭示着一个新的时代，即最早的农业民族和游牧民族文明时代的新曙光。

与这一转变相对应的，是气候与自然景观随着时间的推移而出现的重大变化。其标志是冰川时期的结束和后冰川时期的形成。我们自然还记得，比如在公元前一万年前，各大洋的海平面要比今天低一百一十米，重要的冰川覆盖着欧洲北部，形成了真正的大陆冰川冰帽——即古典冰帽，冰川也覆盖着阿尔卑斯山、比利牛斯山和法国中央高原的顶峰，并一直延伸到罗纳河谷和杜拉斯（Durace）河谷。在冰川周围，形成了气候酷寒的冰缘地带，因而在欧洲相当大的一部分地区，大地被冻结成永久冻土，森林减缩。那些没有被冰川冻土覆盖的地区，通常呈现出裸露的荒原、干草原或大草原地貌。在这些不见树木的地区，生长着大群大群的食草动物。

不过，在更新世末期的冰川期和全新世后冰川时期之间，还穿插着一次气候的过渡期。它开始于公元前八千二百年到公元前六千二百年期间,即"前北极"时期,是后冰川时期最后一次第四纪寒冷期和后冰川回热初期之间的真正过渡。这一时期的特点是桦树的发育成长。但在随后的时期,即公元前六千八百年到公元前五千五百年之间的"北极期",气候的回热增强了,从而造成了桦树林的减退,而松林和榛树却得以繁茂生长。最后,到了公元前五千五百年和公元前二千五百年之间的大西洋期——该时期标志着中石器时代的结束,是气候的最佳状态,因为那时的气温要比现在还略高些。其时在整个西欧都生长着混交的栎树林,这是湿温带地区典型的古代森林。上述这些气候的变化都曾对动物群产生过极为重要的影响。

在大约公元前八千年时,气温在短期内突然回升,冰川融化,从而造成了冰川淌凌和严重的侵蚀。大洋大海吸纳了大量的融水,海平面上升,大水泛滥,整个海平面在两千年间达到了今天的高度。森林逐渐代替了草原;食草动物——驯鹿、麝牛、马等——也渐从西欧后撤,北上到更远的地区;而大型食肉动物,诸如猛犸象、长毛犀牛等,也逐渐消亡灭绝。在新形成的森林中,生长繁衍着适应森林环境的鹿、狍子、野猪以及兔子,它们构成了中石器时代人类食物的主要来源。自然景观有了巨大的改变,人们也必将随之适应。

在西欧,马格德林文明发展到了顶峰状态,人类完全适应了周围的自然环境。这一文明也经常被称为"鹿文明",因为它是与这一动物共生的。不过,气候的变化也使欧洲的其他一大部分地区的文明遭到了破坏。对于以猎捕驯鹿为主,但有时也会猎捕野牛和马的狩猎文明而言,当森林再度北上,这些动物群随之迁徙之时,这些狩猎群体没有能适应这一变化,他们似乎没有追逐这些大型食草动物北上。因此马格德林文明消亡了,被其他文化逐步取而代之。爱斯基摩人和斯堪的纳维亚北部的拉普兰人虽然也是以猎鹿为主的民族,但他们并不是从马格德林文化中派生出来的。我们常把马格德林文化的最后完成阶段,即在该文明与其传统的自然环境被割裂后,力图适应新环境的阶段,称为"旧石器末期",同时把肯定是在这一文明的废墟上产生的、开启了一个新时代的新文明称之为"中石器时代"。

这一转变在近东地区的出现,无疑要比其他地区早得多。事实上,在梯贝利雅得湖的马拉哈(Mallaha)遗址中,就发现了一个含有公元前一万年前光辉文明的非常古老的文化层,我们称之为"纳土费(Natoufien)文明"。在该遗址中,发现了一些用圆形石头筑成的真正房屋,这是人类定居生活的最早物证。这些遗址是把一个个圆形石棚屋连在一起的最早村庄,是最终进入定居生活的永久性居所(他们已不再是游牧民族)。它们处于多个丰富植物资源和作为食物补充的动物资源的交汇地带。尽管说这里的人们仍然保存着一些流动的习性,如远出狩猎或采集,但是,这个村庄已经是一个群体永久的、固定不变的家园了。集体的活动只涉及一部分人,而采集来的物品则存放在住宅之内。

这是人类第一次有了定居生活。他们不再是狩猎者和采集者,也不再把狩猎和渔猎作为基本的谋生手段了。他们此时所赖以生存的,是自己土地上的出产,尽管我们还不能称之为"农业"。事实上,这个时期是在野生谷物大量生长的地区进行集中收割的前农业阶段。很有可能的是,大约在八千年前到九千年前之间,当这些野生的禾类植物有一天终于变得稀少起来，人类就不得不进行选种和种植，农业便因此应运而生了。

这种生产活动应该是发生在那些周围大量生长着野生谷类植物、但又不能为整个人口团体提供足够生存口粮的地区，比如八千年前的约旦河谷和杰里科地区。在这个地区，即近东、安纳托里亚和巴勒斯坦，形成了一个新石器化的中心。我们有时会使用"新时期革命"这个词，然而事实上，这场革命并不是一蹴而就的，而是在整个从旧石器文化向新石器文化的伟大变革过程中，经过了两三千年的准备阶段。

创造这些文明的人类是旧石器晚期人类的后裔，他们的体貌已与我们现代人非常接近了。虽然该时期不同种型的人类在体质上具有相当大的同一性，但人类学家也指出，他们之间存在着大量的地区化变异和差别。也就是说，那个时期不同人种的人类，在体质上已开始出现了今天我们所共知的一些不同特质。

总体而言，其头骨呈卵球形，头体很长；枕骨处没有枕突，面部和眼眶部分略显低平且面积较大；鼻部相对较窄；身材较低，要比旧石器时代晚期的克罗马农人低得多，也小得多；他们在整体上显得更加纤细，两性的体质特征也表现出一定的差异：女性以其更为纤细的形体略区别于男性。

中石器时代的人类已广为人知。为数众多的中石器时代的墓葬被公之于世。在较重要的遗址中，我们有必要提及的有，法国布列塔尼的泰维克（Téviec）和豪依第克（Hœdic）遗址、阿其泰纳（Aquitaine）的鲁色莱依（Rouchereil）和库如尔·德·格拉马（Cuzoul de Gramat）遗址以及安（Ain）省豪托（Hoteaux）遗址。其他如比利牛斯山、地中海地区、阿尔代什省,特别是鲍姆·德·蒙克吕斯(Baume de Montclus),以及在科西嘉岛的阿拉桂纳–色诺拉(Araguina-Senola)和博尼法其奥(Bonifacio)等地,也均有该时期的遗址出土。除了布列塔尼人的遗址外,其他化石遗址差不多均位于靠近纪龙德港湾至莱芒湖(即日内瓦湖)之间的斜线以南地区。在北欧、中欧(如科里枚 Crimée)和地中海盆地北部国家等地也都有该时期的遗址发现,比如西班牙的库阿尔塔芒特罗(Cuartamentero),意大利的阿莱纳·刚第德(Arene Candide),希腊、土耳其、以色列的马拉哈以及北非等。

此时期对死者的祭仪及葬礼也变得愈为复杂起来,出现了繁缛的仪礼规则。比如,在布列塔尼的泰维克和豪依第克遗址中,就曾发现了一个真正的大型公墓,层层排列着许多坟墓。在第一个遗址的十个坟墓中,共有二十三个个体的遗骸。这是第一个集体墓葬。每一个坟墓都有真正独立的设计。

这些个体都被埋葬在纯土质的墓穴中,不加任何修饰,但尸体摆放的姿势却表现出一定的偏好:或呈坐姿,背靠墓壁的一面;或呈躺姿,背部平放于地面。其下肢总是高度上曲,使人们觉得死者好像是被捆扎过的,但这一点并不能肯定。上肢通常是紧贴着放在胸部。墓葬中还有陪葬品,比如死者手中握着的燧石石片,有时墓穴上方还会陈放着鹿角,以及工具手柄、鹿骨尖刀和有孔骨棒等等。毫无疑问,在埋葬过程中还伴随着给死者佩戴装饰品——如项链、手链和头部的发网等——的真正葬俗。在大部分情况下,人们会把红赭土撒在死者的身上,这证明人们希望能赋予死者新生命的意愿。

旧石器末期至中石器时期的文化呈现出极为多样化的特征，史前学家根据各具特色的工具，将该时期世界不同地区的文化划分为十多种不同的类型。然而，在地区性的不同文化特质之上，中石器时期的工具在整体上还表现出细小化的共同特质，这说明他们努力减轻工具重量的共同倾向。此类工具通常包括非常薄的小石片、小型针具和特别小的刮削器等。

其时人们已发明了复合式的工具。比如在一种由柄杆和鱼叉组成的工具上插入只有几毫米大的燧石倒刺。它的制作过程必然需要极高的技巧，因为其中一些倒刺只有用手指才能夹住。这些几何形、梯形、三角形、半月形和尖形的细小的石块，有可能是用植物材料做黏和剂固定在叉架上的，其中有一些肯定是被固定在叉柄顶端做叉鱼的利刃。另外，骨制工具和鹿角工具在欧洲所有国家都异彩纷呈，比如英国马格勒摩西式（Maglemosien）鱼叉，还有非洲鱼叉。

该时期的一些工具，特别是箭头类的尖状器，证明一些新型的狩猎武器已被发明出来，这在很大的程度上促进了狩猎技术的发展。虽然我们还不能确知弓箭是在何时、是如何被发明的，但在西班牙勒旺（Levant）遗址的壁画中，人们已确凿无疑地表现了弓箭的图形，因为这幅画中有人们用弓箭狩猎的画面。在保留着马格德林末期特征的阿齐尔（Azilien）文化中，似乎弓箭已为人所知，因为就阿齐尔式的尖状器来看，无论是其形状还是其重量，都具备了箭头的雏形。

弓箭的发明无疑非常有利于在变化了的新环境中进行狩猎活动。这是一个森林发育加强的时期，而弓箭是一种在森林狩猎活

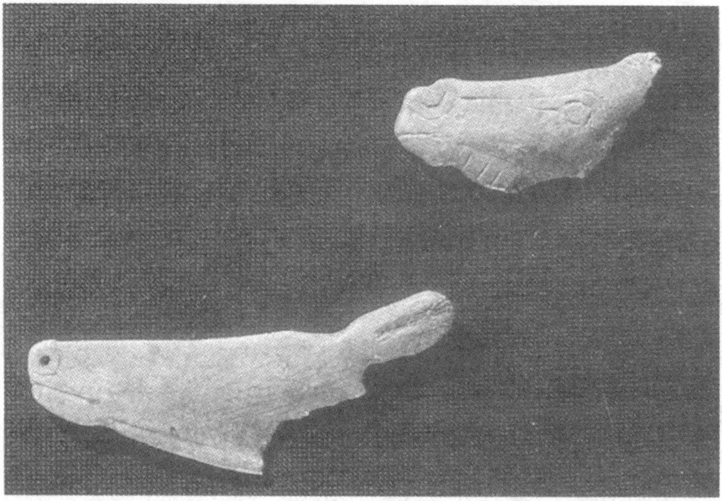

图 75　骨刀

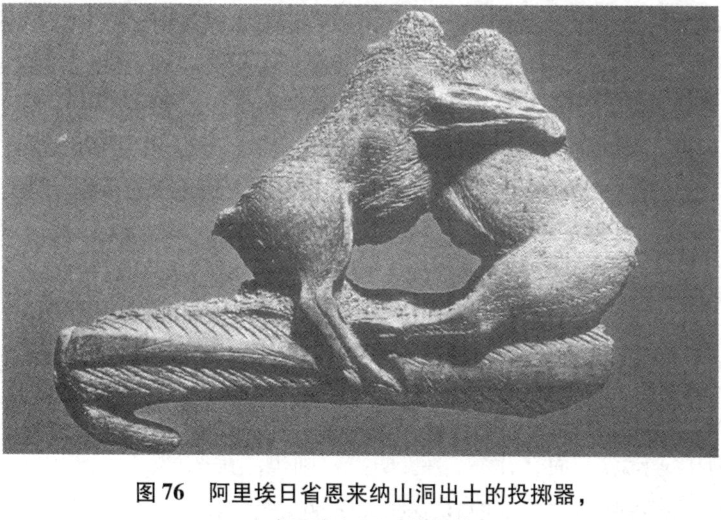

图 76　阿里埃日省恩来纳山洞出土的投掷器，
上有两个相面对的羱羊

动中最行之有效的工具,它使人不用怎么靠近动物就能大力射出箭头并将猎物击中。早在马格德林文化中,人们就发明了带钩投掷器,借助于杠杆技术用来大力投出投枪。但弓箭却可以使箭射的速度更快,明显地提高了击进的力量、准确性和射程。

中石器时代的艺术具有明显的特征。它表现出一种衰落的倾向,不再是第四纪旧石器世界伟大的动物艺术。阿齐尔式的雕塑,即构成马格德林文明最后完成的旧石器末期的雕塑,既不是岩壁画的伟大艺术,也不是伟大的装饰艺术。它是一种具有公式化特征的抽象艺术,是转型过程中的第四纪艺术的延续。

事实上,在阿齐尔式住宅的土层中出土了大量的刻绘卵石,有时是切割出来的,有时又是刻划而成的,其图案都比较简单,有些还无疑带有象征色彩。其中一部分是从中石器文化遗址中发掘出来的,比如意大利的卡拉布里亚(Calabre)遗址和西班牙的圣·格利高里(San Grégori)遗址。但在西班牙的东海岸却存在着另一种形式的中石器时代的艺术,其形象化的特征非常明显,我们称之为"勒旺式艺术"。其中一些日常生活的场景都在画面上得以表现,如在树干顶端采蜜、用弓箭狩猎、追逐猎物,还有那时期所能猎捕的各种动物群。

这时期人类的生活模式是狩猎。尤其是对于旧石器时代末期的人们来说,由于出现了弓箭制造的新技术,狩猎成为主导的活动。在大西洋沿岸地区,人们的主要狩猎对象是森林动物,如鹿、孢子、野兔等,而在北欧,主要的猎物则仍然是驯鹿。

渔猎曾是旧石器时代晚期人类的发明,但在中石器时代有了明显的发展。以前人类的渔猎对象主要是河鱼,但现在他们第一次来到海边渔猎,这一点可以在他们的遗址中找到证据。当时曾出现了为渔猎而专门搭建的屋舍和营地,比如在鲍姆·德·蒙克吕斯遗址中,几乎没有大型食草动物的遗骨,但却发现了大量的鱼类残留。这些住所经常是为了晾晒和熏制鱼干等特殊活动而修建的暂时住所。

另外,集中性的收割活动也发展起来了。上面我们已经谈到,在前于中石器文化的近东纳土费文明中,已出现了集中收割谷物的活动。这一活动将在整个欧洲和北非的中石器文化中得到进一步发展。事实上,对谷物和多种果蔬(如水果、兵豆、豌豆)的集中收获,必然标志着这些植物在人类食物中占有重要的分量,同时也说明它们已成为选择性的采集对象和库存贮藏的食物。随着时间的推移,狩猎在人类的活动中所占分量越来越少,而人类的基本食品将越来越多地从植物资源中获得。

人类的集中收获活动已为多处遗址的大量相关发现所证实,比如炭化的榛子等。在布列塔尼的泰维克和豪依第克遗址,以及普罗旺斯的封布莱古阿(Fontbregoua)遗址中都曾发现了炭化的水果和籽粒。

当时的村庄和永久性的房屋就建在集中收获的区域中,成为组织采集活动的中心场所和贮藏食物的仓贮地。另外,如果说那时在一些地区,比如在海滨地带,已经出现了贝类动物的集中采捡活动,那么,其采捡的对象主要是海生贝类。因为正是在这个时期出现了最早的贝壳堆。在沿海岸线而搭建的住所遗址中,通常都保存有与灰烬遗迹连在一起的极有特色的贝壳堆。而在离海岸较远的地区,不管是在北非还是在法国,也都有贝壳堆发现,但它们都是陆地贝类。比如在罗纳河口省的旺塔布朗（Ventabren）遗址中，就出土了真正的陆地蜗牛贝壳堆，蜗牛上面沾满了灰烬。总之，在这一时期，人们集中收获采集的对象因具体情况不同而区别开来，它可以是谷类，也可以是海洋贝类动物，或是陆地蜗牛等。事实上，集中采集活动的发展和最早的"原始农业"之间存在着极为密切的关系，因为此后不久，人类很快就学会了种植。

当时也出现了"原始驯养业"。人类最古老的动物驯化遗存可以追溯到中石器时代，其中特别是狗的驯化，更可以上溯到公元前 10000 年前。事实上，在马拉哈遗址的一个属于纳土费文化的小村子里，就发现了被埋在房屋或坟墓旁边的狗骸骨。同样是在法国，在伊泽尔省，第一次发现了中石器时代的家养狗的遗骸。另外，在其他国家也曾发现了驯养狗的踪迹，比如在英国斯塔·卡尔遗址有公元前七千五百年的狗化石，在丹麦的马格勒摩斯有公元前六千五百年的狗化石。在普罗旺斯地区离马赛很近的罗讷河口省的马尔提格新城（Châteauneuf-les-Martigues）的住所遗址中，也同样出土了家养狗的遗存。

羊的驯化似乎也是在中石器时代最早出现的。考古学家业已证实，这一驯化过程是在公元前七千年纪的伊朗进行的。在公元前六千年纪初的马尔提格新城遗址中同样也有发现。这一时期对羊的驯化还只是雏形，要等到新石器时代才能进一步完善起来。而地中海西部地区对羊的驯化，很有可能是由近东驯化中心传播而来的。

人类仍居住在山洞里，居住在凸出岩壁下的岩棚中，特别是海岸地带。但在较温和气候条件的影响下，他们越来越多地在露天的平地安营扎寨。值得注意的是,中石器时代的人们更喜欢在沙地上安家,如沙丘、沙土堆等。露出地面的地质沙层很可能要比黏土地面更结实,因为如有雨水冲击,沙土的渗水性要好得多。这些住所通常都比较简陋,基本上都是简单的矮墙或天然的洞穴,或是用来避雨的茅棚。他们所建造的火塘非常特别,就像在阿尔代什的蒙克吕斯所发现的那样,是把石块排成一列垒成的,似乎是专门用来烤制鱼干的。这个位于河边的遗址显然是渔猎者的住所。

人们想在水面上移动的需要和愿望必定产生得很早。简单的游泳和原始的航行所花时间既长,而且也很累人。但我们却无从论及当时是否有持续的技术进步,因为没有任何史前的证据能支持对这一问题的合理推论。基于对岛屿居民遗址的研究,人们提出了几个利于史前有航行的证据。比如,在科西嘉岛的居拉加修(Curacchiaghiu)的住所遗址中,在一个地层中出土了公元前六千六百年至公元前六千五百年前的长期使用的制器场所。该岛另一处靠近博尼法其奥(Bonifacio)的住所遗址中,在一个没有陶器的、年代为公元前六千七百五十年的地层中发现了一个人体骨骼。据此可以肯定,在距今七千年纪之初,科西嘉岛已经有人群居住了。这就证明,人类在这个时期已具备跨越科西嘉岛和托斯卡纳群岛之间海峡(约四十五公里)的能力。在同一时期的爱琴海上,克里特岛也有了居民(公元前六千一百年的科诺索斯(Cnossos)遗址),而在此前一千年,枚罗斯(Melos)岛的黑曜岩石块也被搬上了大陆部分的希腊(公元前七千三百五十年)。

第九章　新石器时代

　　新石器化可以说是一个全球性的现象。在大约公元前七千年纪，人类的生活方式产生了一个极为奇特的变化，即人类不再像起源时期那样，只是以简单的狩猎、采集和渔猎等手段谋生，而是通过打破人类和自然之间的传统平衡关系来获得食物，他们变成了食物的生产者。

　　一般而言，当动物群数量减少，人口数量也自然随之减少。换句话说，在气候干旱、植物种群锐减之时，饥荒就会使古人类的数量减少。相反，当气候变得更为湿润，可供消费的自然出产数量大增，有了充足食物的食草动物就会大量繁殖，而人口也就会相应增加。因此在这二者之间存在着一种恒久的平衡关系。但是，当人类能够通过种植植物，特别是谷类作物而成了种植者，通过驯养动物而成了畜牧者之后，他们就能自己生产食物了。由此开始，人类将打破人和自然之间的平衡关系。

　　植物种植和动物驯养的发明所带来的不只是食物产品，同时也导致了财富的积累和定居生活的出现。这是人类第一次脱离了简单的游猎生活，在土地上扎下根来，建造出房舍村庄。他们居住的只是简陋的木屋，有时也可以是石屋，后者在法国南部的地中海地区曾有大量的分布。多个房屋组成了村庄，而村庄也将逐渐随着首领屋舍的出现,慢慢产生进一步的分化,进而建造出更有标志性的、公共性的建筑。如此,最早的城市也将应运而生。

人口爆炸、定居生活和村庄的建造将导致以更为专业化的分工为典型特征、极不同于以往的新生活模式的出现。这种分工表现为首领、祭司、制陶工匠的出现,而且,随着金属器具的发明,还将出现铁匠和士兵,也就是说,将出现整个社会的彻底变革。作为一个整体,所有发生的这些社会-经济现象被通称之为"新石器化"。

新石器化运动于约七千年纪在全世界的不同地区同时发生。比如,在安纳托里亚出现了小麦、大麦和兵豆的种植,也产生了山羊和绵羊的驯化家养。而且,我们也知道,在同一时期其他完全不同的地区,比如在面积要比今天大得多的乍得周围的撒哈拉非洲地区,出现了种植的小米。另外,在泰国南部,水稻种植得到了发展;在中国则主要是小米。最后,在美洲大陆——此时人们已在美洲的广大地区居住下来,尤其是中美洲和墨西哥南部,人类已种植了玉米、豆角,甚至还有辣椒。总之,在我们星球上的许多地区,不同的人类群体,在没有任何接触和交流的情况下,差不多同时找到了相似的满足自身需要和生产食物的方法。

这一新的食品生产模式引发了人口的爆炸。也许,在出现了工作分工和定居生活的同时,人类的生命也得以延长了。旧石器时代人类的平均寿命约为二十到二十五岁,在旧石器时代晚期的某些文化中会更长一些;到了新石器时代,人类的平均寿命则超过了四十岁,有时还会更长些。

新石器时代的出现是与该时期气候的奇特变化相适应的。在公元前六千八百年和公元前五千五百年期间,是一个史前学家称为"北极期"的时期。这一时期气候普遍回热了。相对干旱的气候使得松树和榛树在广大的地域内生长起来。在所谓的"大西洋"时期(公元前五千五百到公元前二千五百年),其气候特点是温暖湿润,末期的气候还要更热一些。该时期产生了最早的农业文明,温带森林──混合栎树林,即橡树、榆树和椴树──也在相当大的范围内生长发育起来。

尽管有这些气候的变化,但由于动物对气候的适应能力无疑相当强,因此还是有一些动物如原牛和马等生存下来了。骆驼和盘羊的生活范围局限在海拔高的地区,而森林动物如野猪和鹿等却得到了发展。

生活在新石器初期的西方人,长得并不像他们中石器时代的先辈。他们的身材变小了,体质极为纤细。然而这些特征除了在中欧的几个地区有所保留外,在以后的几个世纪中都逐渐消失了。与其前辈相比,他们的头骨没有那么长,显得更加平坦。在新石器时代中期,他们体质上的地中海型特征得到了加强,而中石器时代的基质却完全消失了,只有欧洲北部是个例外。

到了新石器末期和青铜时代,出现了一些身材结实的人类群体,其体质特征使人联想到中石器时代的泰维克和奥菲纳人。这些体格高大的人类具有较短的头型,头骨较短,面部和眉骨低平。他们主要分布在瑞典和莱茵河、多瑙河流域,并曾大批地侵入不列颠诸岛。稍后,他们又沿罗讷河推进到卡达罗涅地区。在巴黎大区新石器末期的墓葬中,出现了以古典型短头型为主潮的特征,这似乎意味着这些古老的人群在这里渐渐地固定下来,并形成了一个真正的人口飞跃。

欧洲和地中海盆地的新石器文明是由近东传入的。它事实上首先出现在包括从伊朗到土耳其的广大地区，随后极其缓慢地向西扩展，然后沿着一条自然延伸的漫长而广阔的路线，沿着地中海海岸和几个大河流域，特别是多瑙河流域，不断向前挺进。

在法国地中海地区，新石器早期文化的主要代表，是普罗旺斯和郎格多克（Languedoc）地区以印制陶器为特征的卡尔第亚尔文明（Civilisation cardiale，cardiale 一词是由 cardium———一种贝类动物派生而来）。在北欧，则是以带状纹饰陶器为标志的多瑙河文明。从新石器时代中期开始，即公元前四千年到公元前三千年，一种被称为"莎塞式"（Chasséen）的、以农业为主导的文化在比利牛斯山和阿尔卑斯山之间发展起来，并扩展到法国的大部分地区。

此时期的人类很快就学会了简单的黄金冶炼技术，特别是青铜的冶炼，并很快地知道了与锡熔铸而制造合金。于是人类便进入了金属时代。

在新石器时代，人类的生活方式随着多种新技术的出现而发生了深刻的变化。这一变化首先表现在居住形式方面。生产型的经济要求人们定居下来，于是便产生了最早的房子和最早的村庄。在土耳其的一些遗址中，出现了小型的城堡，甚至还有环卫城而建的真正的城市。然而在西欧新石器时代的遗址中，还没有发现任何可比的建筑，只有在新石器末期和金属时代，这里的人们才建造出真正的、有防御工事的村庄。在西欧，直到中新石器时代末期，农业村庄主要建筑在位于邻近大块耕地和水源的小山丘上。属于这一文明的所有房屋的形状都完全相似，这说明此时的社会还没有出现等级分化。随着向北方的不断推进,莎塞人开始寻找易于防卫的要塞建造住所(如索恩鲁瓦尔省的莎塞遗址)。在新石器时代末期和金属时代之间,在伊比利亚半岛、法国南方和意大利等地,人们建造了小堡垒这一防御工事,有时还有真正的要塞。

新石器时代的经济基本上是农业经济。大部分古生物学家把欧亚大陆的结合部,特别是安纳托里亚,确定为谷类作物耕种的最早起源地。其根据是在这些地区,曾存在过一些在其他地区不曾出现的种植植物的可能的野生祖型。因此,别的地区引入的这些植物,是已经驯化过了的品种。

单粒小麦或似双粒小麦是从一种野生品种中分化出来的。这一野生品种非常接近于生长在巴尔干、希腊、保加利亚、高加索、土耳其和伊朗北部的小麦。对它的驯化最早是在安纳托里亚、土耳其东南部进行的。从新石器时代早期开始,它也出现在欧洲所有的遗址中。二粒小麦是在约旦河谷被驯化的。其野生品种在约旦河岸、以色列和叙利亚南部都有生长。通过对这两个品种进行杂交,人们培育出了小麦或软粒小麦,并很早就扩传到了早期的农民群落之中。

野生的大麦生长在小亚细亚(黎巴嫩、叙利亚、巴勒斯坦、伊朗、伊拉克),其驯化品种很快就在名为"肥沃的半月形地带"出现。在东南亚地区,甚至还在大洋洲,几乎是同时(或稍晚一些,要看具体地区)出现了块茎植物的种植。另外,运河的开挖和有益于耕作的田间管理出现的时间肯定也很早。

近东的加尔摩(Jarmo)遗址、莎尼达尔(Shanidar)遗址,特别是卡达尔·胡于克(Catal Hüyük)遗址等,为我们展示了从原始经济向小麦经济的过渡情况。从公元前六千五百年起,重要的村庄社区在伊拉克、叙利亚、黎巴嫩、巴勒斯坦和土耳其一带的地中海地区开始形成。正是在这个时期,第一次出现了有组织的人类群体,人类的食物不再单靠自然的赐予,而是靠人类所组织的农业团体和对自然环境的驯化而获得。

动物的驯养是这一经济的第二个要素。事实上,动物的驯化起到了保护某些动物种群并促进其发展的作用。新石器时代的人类,通过对动物进行大胆的繁殖试验,和对动物之间的混血杂交多样性的强化,从而改变了同一动物群之间的繁殖方式,并终于培育出最早的驯化种型。比如绵羊就是通过对盘羊的逐步优选而出现的一个进化品种。

绵羊无疑是最古老的驯养动物。其渐进的驯化过程是在约公元前九千年左右的伊拉克北部莎尼达尔地区以及地中海沿岸地区完成的,其时还处在中石器时代,新石器时代还没有来临。驯化山羊出现的时代同样也很古老。它是在公元前七千年左右的埃尔·奇阿姆(El Khiam)和约旦被成功驯化的,其时陶器尚未发明。猪是由不同种型的本地野猪驯化而来的,其时代要稍晚一些,出现于公元前六千五百年美索不达米亚平原的加尔摩地区。从中新石器时代即七千年纪开始,猪的驯化达到了普及。这个时期也是最早驯养牛的时期,地点是在巴勒斯坦和希腊北部。而马的驯化却相反,这个旧石器狩猎文明的基本动物是在很晚的时期才在中亚地区脱离了野生状态,并在新石器最后的结束时期重新被引入西欧,在金属时代初期才到达地中海西海岸。驴是在四千年纪前的埃及和东方国家被驯化成役畜的。

　　然而,有关畜牧业的情况却极为缺乏。据已有的材料来看,我们可以认为,最早的羊群是处于半游牧状态的,是出于寻找草场的需要而形成的。新石器时代最早的牧人所从事的主要工作,是开垦草场以喂养栏养牲畜。

　　畜养动物有多种目的。它可以提供肉食、奶、羊毛,也可以替人驮物拉货。从新石器时代中期开始,已出现了干酪沥干器,这说明人类已能制出奶酪。在西班牙勒旺洞穴艺术中,描绘有几个驯养动物的场面,其中有环绕着山羊的牧羊人,也有驯养动物和驯马的场景。

　　农业和畜牧业是新石器时代生产经济的两大支柱,这一经济构成了人类历史上一次真正的大变革。但"新石器革命"并非一次真正的革命,因为它是渐进完成的。事实上,它发轫于狩猎群落末期对谷类植物的集中收获和早期的动物驯化活动。新石器化运动并不是一蹴而就的,而是,就整个人类阶梯式的进化过程而言,一个相对较快的、具有全球化特征的一个阶段。

　　这个变革过程将导致新技术的出现。要耕作谷类植物,就需要有合适的工具,特别是收割用的工具。于是石镰便应运而生了。早期的石镰是长条形的燧石石片,其下部是手握的把手。该工具具有一种特有的光滑特质,这是人们早已熟知了的。此类工具是组合式的,其不同部件有可能进行换装。另外,还需要把谷粒压碾成面粉的工具。人们于是把通常是砂岩质或较软石质(如砂岩)的大石块打制成磨盘,然后再把卵石打制成磨棒,用来磨碾谷粒(图79)。

　　这一时期的一个重要发明是陶器。这是人类第一次拥有土质

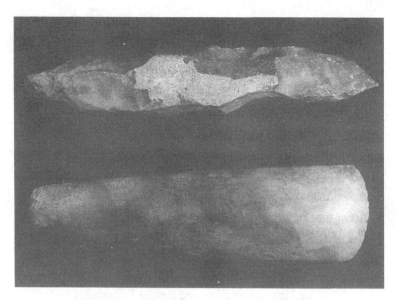

图77　新石器时代的工具：抛光尖嘴器和石斧

陶罐。在旧石器时代晚期，根据对一些发掘现场的观察来看，毫无疑问是有容器的。为了提运水、烧煮某些食物和煮粥烧汤，人们有可能在木头上切挖出木罐（这一点还有待于考古发现），或是制造出皮袋子。但这一类便于随身携带的容器却非常脆弱易坏。从新时期时代开始，人们定居下来，已能制造出更重、更结实的容器用来保存谷类粮食和奶制品。这就是他们所发明制造的陶器制品。

　　陶器是把黏土加工成型并通过烧制对其形状进行固定的艺术。要制成一件陶器，需要三道基本的工序。首先是洗淘陶泥和捏制陶泥，以便具有同一的胎质，并除去异物和气泡。该工序最简单的办法是用脚踩踏或是用手摔打陶泥。第二步是塑型工艺，首先是一边转动陀旋，一边用整个手扶住泥模，把泥环一个个套叠起

图 78　铜器时代的陶罐,法国 Hérault, Fontbouisse

图 79　新石器时代的磨盘和磨棒

来,并用手捏塑成型。其他的附件,如把柄、细颈等另外单做,再用和好的陶泥黏结上去。最后是烧制工序,它可以是简单地在太阳下晒干,也可以是在露天中燃木烧制。

从很早的时代开始,人们就经常在烧制前先在陶坯上压出或钩刻出凸条形的装饰图案,或是用手指、指甲或贝壳勾勒出线条形的装饰图案(图78)。比如,在地中海盆地最早的文化卡尔第亚尔文明中,其陶器都曾用普通贝壳和乌蛤贝壳来勾勒图案,这就是为什么我们称这类陶器为"卡尔第亚尔"陶器或"卡尔第亚尔"文明。

新石器时期的人类必定已开垦林地并在土地上耕作。他们用经过抛光的石头,经常是用磨光的硬质岩石制造石斧,这就是为什么此类文明被称为"抛光石器文明"的原因。抛光技术首先被旧石器时代的狩猎者应用在骨器的制造方面。但在新石器时代,对打磨石器的抛光加工远远超过了骨质工具。他们在硬质石材,包括卵石上进行打磨加工,制造出锋利的器具、小型雕像和容器等。在某些情况下,抛光只是制造程序中的一个步骤。就像地中海金属时代的匕首一样,先是将其打磨光滑,然后再大力加工。

抛光石器时代似乎是在打制石器时代的基础上进一步发展起来的。人们花费那么多的时间来磨光石器,无疑是为了更好用:磨光一块坚硬的石头是一件用时很长、又很艰苦的工作。有时,抛光的工序并不仅限于石斧最有用的锋刃部分。这类抛光石斧可以是用来耕作土地的横口斧,也可以是用来砍伐木料的真正石斧(图77)。

人们还保留着传统的石制工具,如石镰、小石片、石箭头等。因为尽管狩猎活动越来越成为偶尔为之的活动,但他们有时还是会从事一些狩猎活动,特别是在新时期时代早期,人类一小部分食品仍要靠狩猎来获得。

在新时期时代末期,特别是在莎塞文化到金属时代之间,石斧和石箭头很快就变成了真正的武器。那些制造精良的带箭头的、带倒钩的、有柄的和有翼翅的矢状器很快就成了人们得心应手的武器(图80)。

图80　新石器时代的箭头

人口爆炸也导致了人口的相对过剩。所有的土地都为人类占领了。在露天的遗址中,我们所看到的是建筑在耕地边上的村庄,而洞穴中居住的也是要谋求生存的人群。这种情况将导致大型集体公墓和地下坟墓的出现。就形式最简单的坟墓来看,它是在岩石上凿出的洞,人们通过洞井或阶梯进入其中。

豪艾克斯(Roaix)墓穴遗址位于沃克吕斯省,距宛戎·拉·罗曼讷（Vaison-la-Romaine）六公里，是一个深六米的巨大人工洞穴。这是一个直径为九米的圆形大公墓，其中两个主要文化层已被发掘出来。下层年代为公元前二千一百五十年，属于金属时代，是由非常混乱的、破碎的骨骼组成的。上层年代为公元前二千零九十年，它令人难以置信地保存着成堆完好的骨骼，但叠放的方式却混乱无序，男人、女人和孩子毫无秩序地乱放在一起（图81）。

图81 豪艾克斯大型公墓，法国沃克吕斯省

在新石器时代末期也出现了巨石艺术。这是用巨大的石柱组成的廊厅，上面再盖上大石板所搭建的石棚墓室（又名多尔门）。此类墓葬在埃尔莫里克、夏特朗地区和大西洋东岸的伊比里亚半岛等地均有发现。这类金属时代的建筑随后又扩展至整个西欧和北欧，以及地中海地区和近东，稍后又扩展到了非洲。

　　这些在廊道上铺顶、棚顶向外伸出的圆形石棚，是在两千年间常被用来集体合葬的大型公墓。它们的形状各异，但功能却始终如一，即在一个封闭的空间内埋葬部落里的所有死者。这些纪念性的建筑表达的是一种坚固永恒的思想，这既体现在建筑本身，也体现在耐久的使用方面。石棚中的一些石块体积巨大而沉重，需要从一定的距离运来，这就意味着需要一种社会组织来安排。它需要具有特殊本领的工程设计人员和工地领导人员，他们熟知如何操作撬杆，如何牵拉有时是非常高的巨石并竖立起来，以及如何在大石柱上放置巨大的石板。

　　一些材料表明，这个时期第一次出现了人类被屠杀的情况。比如在豪艾克斯墓穴的上层，大量的箭头被射入人的骨头里，而所有骨骼的年龄都表明，死者包括整个族群不同年龄层次的人口。在这个文化代表的时期内，人类的死亡包括各个年龄层，有初生婴儿，有九岁左右的儿童，有三十岁、三十五岁和四十岁的成年人。总之，这里涉及到了构成该时期整体人口结构的缩影的、包括所有年龄层的不同个体。让·库尔丁（Jean Courtin）认为这里是一个战争的墓葬层，也就是说有整个村庄被杀戮殆尽。

　　农业和畜牧业的发展无疑导致了财富的积累。在有些村庄里，在收成较好的年份，大量谷物都被库存起来，他们的陶罐中装满了小麦、大麦、兵豆等。许多家畜的畜养都很兴旺，其中有大量的绵羊、山羊和羊羔。相反，一些临近的村庄的生活状况却不太好。他们的谷物歉收，这是因为土地干旱，人们又不知道合理地灌溉。地窖里空空如也。家畜也因病或瘟疫大量死亡，村庄里的动物所剩无几。于是村民们便试图到几十公里远的邻村去掠取。这样就产生了早期的冲突,出现了我们文明中最早的战争。

这些坟墓并不仅仅是叠压了无数代人类枯骨的无名墓葬。事实上,由墓穴正面所表达的奇特观念和面对墓碑的空地的精心设计来看,那时已存在着相当完善的丧葬仪式。从新石器初期开始,宗教的诞生就是显而易见的事了。不过,该时期的宗教与狩猎民族的宗教毫无关系。近东的材料表明,当时已存在对原始雄雌神进行祭祀的一些仪礼。其中首先是对公牛神的祭仪,它是雷电、暴风雨的主神,是农人期盼的好雨的赐予者。牛神的吼叫象征着雷声的轰鸣,而闪电又是这个暴风雨之神奔走狂舞的象征。人们对它祈求呼唤,期盼它从天上降下甘霖滋润大地。另一个同时出现的祭祀仪式,是对大地女神的祭仪。在近东新石器早期文明中,出现了一些女神雕像,其形状上的某些特征使人联想到旧石器时代的女神雕像,但前者却是在极不相同的文化与宗教背景中产生的,她们有时甚至是产妇的形象。对原始男女神的祭仪,产生于几千年来形成的农业和游牧民族的传统深处。在一些祭祀遗址中,在一些墓穴周围出土了原始雌雄神崇拜的实物证据,其中有大地女神的画像和公牛神召神牌。

这些墓葬还使我们了解到,此时的人类第一次能为自己做手术了。这时出现了最早的外科手术,特别是穿颅手术,即真正的头部外科手术。在几个属于金属时代的头颅上都留下了较大的穿颅孔。这种由外科手术留下的口子特征明显,呈椭圆形。为了不损伤脑膜,他们在手术台外侧修成呈斜棱的坡形。如果刚动完手术的人活了下来——他们经常能活下来,但当然会有例外,因为这是一种非常剧烈的手术——医师就会用一个细小的骨片盖在伤口上,愈合后就会留下瘢痕。如果患者突然死亡,伤口的断面就会原样留下来。穿颅手术的部位经常选择在前额或侧缘颅骨处,很少选在颅顶轴部位,因为新石器时代的外科手术师已经注意到,触动颅顶轴会导致迅速死亡。

　　颅外科手术的实践表明,在有经验的手术师那里,已经产生真正的科学精神。这同时也意味着一种更为高级的社会关系的出现,即患者及其亲属对治疗师的信任。然而,做穿颅手术的目的是什么? 是为了医治头部的疾患,还是出于仪式的需要? 我们目前还很难回答这个问题。

　　另有一些古病理学的研究证明,由于施行了必不可少的手术,一些受了伤的人和残疾人得以生存下来。

第十章　金属时代

在公元前二千五百年到公元前七百年期间，即整个亚北极期的铜器和青铜时代，气候似乎没有前一个时期那么热，有些地方还显得更干燥些。潮湿的气候只是在某些地区呈上升趋势。混交的栎树林向后缩退，而在高海拔地区，山毛榉、杉树和云杉生长繁茂。

到了约公元前七百年，即亚大西洋期铁器时代的开始时期，气候随着降水量的增加再度降低下来。山毛榉和鹅耳枥在更广大的地区生长起来。此时的人类已变成了生态环境中的一个基本因素，他们开垦和耕种着越来越多的土地，明显地改变着自然环境。

从金属时代起，人类形体的纤细化进程一直在持续进行着，并逐渐进化到我们今天的人类。在以色列和黎巴嫩出土的绝大部分头骨都属于地中海纤细头型，而安纳托里亚的主导头型则属于进化中的地中海粗壮头型。再往东的伊朗和伊拉克，是属于与地中海纤细头型相混合的头型。阿尔卑斯组群所代表的人群，在金属时代和古青铜时代所占分量属少数。至于其他属于第那尔（dinarique）组群的数量，所占分量更少（伊拉克、土耳其、以色列）。

如此，从金属时代初期（公元前二千五百年）开始，这三大类型的组群——即在不同时代和地域都曾起到过重要作用的地中海组群（包括两个变种，即纤细型和粗壮型）、阿尔卑斯组群和第那尔组群——都已形成。

欧亚大陆温带地区的青铜时代标志着社会进化过程中的一个重要阶段,从中国到不列颠群岛,从斯堪的纳维亚到埃及,莫不如此。正是青铜这一金属,还有金、银等财富,在人类历史上最早一批伟大国家的形成过程中,如美索不达米亚、埃及、地中海国家和中国,都曾起到过重要的作用。

一些古代因没有文字而未能载入史册的民族,史前也曾有过灿烂的文明。比如在公元前二千年到公元前一千五百年之间,有瓦塞克斯(Wessex)遗址、阿尔玛尼(Armorique)遗址和中欧的墓葬遗址。其后,在公元前一千年左右,又有斯堪的纳维亚的泥炭遗址,以及瑞士和法国萨瓦省建筑在湖上的住所遗址。

整个青铜时代的住宅异彩纷呈。大量山洞和岩壁下的岩棚都被人类占领,他们在洞内的石灰岩地面上栖身度日。这种情形一直延续到青铜时代末期。与此同时,平原和谷地上的村庄也有很大的发展。杜博村(Dampirre-sur-le-Doubs)位于河岸地带,一道栅栏把村庄与公墓隔开。这里的棚屋大都是四方形的,有正方形(4×4 米),也有长方形(7×5 米)。房屋的地面遗址均已发掘。房屋的分布状况表明,这里还没有出现城市化的倾向。

在维也纳的阿拉里克(Allaric)营地,发现了一个建于青铜时代末期、面积为两公顷的突角形防御工事,环绕着一个长二百五十米的弧形保护城墙。在城墙里面,建有许多四方形的住宅,南面有一个黏土烧制的光滑的火塘。棚屋都是用固定在石块上的木桩搭建起来的。

在公元前六千年左右的土耳其的卡达尔·胡于克遗址中,艺术家已经学会了锻打天然红铜矿石,用来制造服饰上的装饰品。在公元前四千五百年前的伊朗,人们已经知道在火炉内将矿石加热并锻打成各种器物。到了公元前四千年,此类技术业已为欧洲巴尔干地区的人们所掌握,并在公元前三千年到二千五百年期间传到了西欧。

在金属时代和青铜时代,铸造遗物的残留常常仅限于一些炉渣,如木炭和火烧过的黏土残痕。然而,在德国北部,曾出土了带风嘴的炉膛遗址;在法国,铁器时代的铸造遗物数量很多,他们有可能已经建成了高卢式的锻造模具。

在青铜时代,有两大类型的模具和坩埚已为人熟知,即有半圆形端面炉条的小型模具和平底或凸底的、有着倒鸟啄形嘴的坩埚。到了铁器时代,用来制造金银器皿、硬币和其他器物的不同形状的坩埚多种多样,并一直延续使用到高卢-罗马时代。

从青铜时代中期开始,模具的形式和材料愈为变得丰富多彩,其中石质的模具用来制造斧子和矛枪的箭头,而大量的其他模具则用来熔铸各种各样的系列工具。人们使用不同类别的工具,如锤子、砧子、凿子、雕刻凿,等等,来完成诸如精细加工、铲修、抛光、削尖和修饰等多种工作。通过冶金学的分析,我们可以了解到不同时期金属种类和所加合金的构成成分,比如,在金属时代和古青铜器时代是纯红铜或合金红铜,在古青铜时代和青铜时代中期是加了少许锡砷的青铜,在青铜时代末期则更经常性地使用铅。

金属制品连带产生的结果之一,是成品和半成品的交易。从很早的时代起,产品的制造者就尽力生产销售粗坯型坯锭,因为成品的生产中心往往并非金属原料的生产基地。从公元前二千五百年起,意大利北部的一些群体的冶金技术已很高,并向境外较远的地区,比如外省的居民,提供剩余产品。在法国加尔省的科罗尔格(Collorgues),一个巨石雕像的乳房上挂着雕刻的坠饰,其样式与中欧的同类产品有着惊人的相似之处。

大量骨质马鞍和马衔的发现表明,在公元前一千二百年左右,马已经成为一种主要的牵拉畜力。在许多陶器的装饰图案上,都绘有车架为长方形或五边形、用三角方法固定车轴的马车。套马的方式则是在车辕的顶端用轭套牢两匹马的脖颈。车子的后部有两个大车轮,前边有一个小车轮,每个车轮有四个轮辐。

在科尔比埃(Corbière)出土的一个马车残骸中,有两个青铜铸造的车轮,直径为五十五厘米,有五个轮辐。轮毂很长,轮缘呈"U"形。横肋形的装饰镶嵌在车轮的中央处和轮毂处。十个钉在轮缘的螺钉把车轮和轮缘紧紧地固定在一起。

图82　贝戈山。青铜时代的圣山。唐德地区阿尔卑斯海滨山脉

图 83 贝戈山区。梅尔维叶河谷史前岩画

图 84 梅尔维叶河谷史前岩画,犁耕套牛

图85 贝戈山区。
梅尔维叶河谷史前岩画
"之"形臂人像,有臂雷神

在法国的阿尔卑斯山地区,在环绕着贝戈山(le mont Bego)的整个山间高谷发现了几千个岩刻画(图82)。它包括如下几个主要类型的图案:象征牛的单个圆形或多组圆形图案(图83、84),武器(匕首、戟和斧),象征耕地的几何状、网状图案,以及随处刻绘的小型人形图案,还有在特定位置刻绘的人形图案(图85、86)。

时代的发展使该地区产生了多种类型的岩刻。通过对图案中武器形式的研究,即与青铜时代的武器的比较研究,我们已能清楚地阐明这些岩刻在类型上的相似性和年代上的序列性(图87)。在公元前一千八百年到公元前一千一百年之间(青铜时代早期和

图 86　梅尔维叶河谷史前岩画
名为"部落首领"的石刻

图 87　贝戈山区。梅尔维叶河谷史前有刻饰的匕首

青铜时代中期），从事农业的群体从临近的地区进入这一地区,他们在岩壁上刻绘出日常生活的基本场景,但表达方式却是理念化的,就像代码一样。极有可能的是,每一个来到这里顶礼膜拜的人都刻下了自己的岩刻以留作纪念。这就说明了为什么这些图案都具有明显的杂乱特征,因为他们所要表现的基点是人体的姿态,而不是出于美学的考虑。

　　一些青铜时代末期的陶器（如意大利、法国萨瓦省、罗讷河走廊、朗各多克等地的陶器）所表现的是一些连续的序列场景,是成系列的图案,它们似乎具有统一的内在意蕴。这些图案代表着一种原初的文字,一种象形文字,其中每个图案都是对应着一个思想的代码,都是为传达自己的想法而向他人表达的代码。这些点和线有可能组成了一个序列化的体系。而图案中的其他构件则显然是代表动作序列发生的象征符号。

　　渐渐地,文字在地中海地区出现了。约公元前一千二百年,腓尼基字母诞生了;到了公元前八百年左右,古希腊文字,甚至还有伊特鲁里亚文字(Étrurie),也在靠近普罗旺斯和朗各多克地区问世了。

结　　论

在全世界,有数以千计的专业研究院所在对古人类进行着庞大的研究,各学科的专业研究人员,诸如地质学家、沉积学家和土壤学家,地貌学家、地球物理学家和地质化学家、古气候学家、古生物学家和古植物学家、人类学家,等等,都在对发掘的遗址进行抽样的分析和研究。正是在他们日积月累的工作中,我们最终不单是能重建史前人类的日常生活,而且还能复原他们生活于其中的环境、自然景观和气候变化,我们也终于能对人类伟大历史中的重要阶段进行相对准确的断代。

这个历史肇始于七百万年前的灵长类动物,其时它们的双足已获得了直立能力,离开森林来到大草原生活。它们那双从行走职能中解放出来的前肢,开始与大脑系统连在一起。正是在大脑指挥和双手行动的对话中,人类终于有一天诞生了带有思考性质的思维。

到了大约二百五十万年前,这些被我们称之为“人”的直立类灵长目动物,拥有了一个超过 600 立方厘米的大脑,这也是“能人”第一次拥有了语言和并开始打制工具,由此也就具有了最早的概念思维的存在。

如此,伴随着人类形体与生理的进化,又逐渐展开了一个新的进化维度,即文化的进化。

由此便发轫了人类的神奇经历。正是随着人类文化日新月异的惊人发展,人类从一个只能打制最简单的砍斫器的制造者,一跃而成为电子计算机、粒子加速器和宇宙飞船的伟大设计师。

得益于概念思维和清晰语言这两个重要能力的获得,新的发明创造将节节开花般地在人类的历史上次第开放,人类的文化愈加丰富多彩:

——"能人":约二百五十万年前,制造出最早的工具;居住在基本营地中。

——"直立人":略早于一百万年前,打制出最早的两面器;产生了对称观念;获得了初步的美学观念。约四十万年前,掌握了用火;在旷野中搭建了最早的棚屋。约三十万年前,出现了地区性的文化传统;开始使用颜料;有了仪式生活的最早物证;产生了革命性的打制石器技术,即勒瓦卢瓦剥片技术。

——尼安德特智人与早期现代人:约六十万年前,出现了最早的墓葬仪式;诞生了宗教思想。

——晚期智人:三十多万年前,发明了艺术;出现了组合工具,即用几何状的小型石器做成倒刺的鱼叉;诞生了最早的航海者并在新大陆安家落户。

最后,在几千年前,人类打破了自己与自然的传统平衡关系。人类已不再是单以采集、狩猎和渔猎为生的组群,而成为食物的制造者;第四纪时代伟大的狩猎文明迅速消失,让位于游牧民族和农耕民族;建造了村庄;开始积蓄财富;蓄养动物以就地贮存肉食;用陶器在地窖中存放谷物。

　　多种新能力的获得导致了人口异乎寻常的爆炸和各社会组群中人类分工的专门化,这将彻底改变人类的历史。

化石人名对照表

Australopithecus afarensis　南方古猿阿法种

Australopithecus africanus　非洲南方古猿

Australopithecus bahrelghazali　南猿勃热尔加扎里种

Australopithecus boisei　南猿鲍氏种

Australopithecus ramidus　南猿拉米杜斯种

Australopithecus robustus　南猿粗壮种

Australopithecus rudolfensis　南猿诺多尔方种

Australopitheque prometheus　普罗米修斯南猿

Homme de Cro-Magnon　克罗马农人

Homme sapiens　智人

Homo erectus　直立人

Homo habilis　能人

Homo sapiens neandertalensis　尼安德特智人

Homo sapiens sapiens　晚期智人

Paranthrope　傍人

Pithecanthropus erectus　直立猿人, 专指东南亚的直立人

Sinanthropus pekinensis　北京人

Sterkfontein Extension　斯特科封丹人

Zinjanthrope　东非人

地名译名对照表

（按国别拼音重新排序）

阿尔及利亚

Ternifine　特尼芬

南非

Kromdraai　克罗姆德莱

Makapansgat　马卡潘斯加特

Sterkfontein　斯特科封丹

Swartkrans　斯瓦特克兰斯

Taung　塔翁

肯尼亚

Chezovanja　舍若旺加

Kanapoi　卡那普瓦

Lothagam　路特·加母

Olorgesailie　奥罗热萨依

坦桑尼亚

Koobi Fora　库比·佛勒

Laetoli　莱托利

Olduvai　奥杜韦

Nariokotom　奥科托姆

埃塞俄比亚

Afar　阿法

Bodo　勃多

Hadar　哈达

Koda Gona　卡达·高纳

Omo　奥莫

印度尼西亚爪哇岛

Trinil　特里尼尔

Sangiran　桑日朗

Sambumacan　萨姆布马堪

Modjokerto　摩焦科拖

Ngandong　纳冈东

印度

Siwaliks　斯瓦里克斯,靠近哈特诺拉(Hatnora)的纳尔麻答(Nar-mada)河谷

法国

Araguina-Senola　阿拉桂纳–色诺拉,科西嘉岛

Arcy-sur-Cure　阿尔-西古尔,荣纳省

Baume de Montclus　鲍姆·德·蒙克吕斯

Baume de Peyrards　鲍姆·德·悖哈尔,沃克吕兹省

Bonifacio　博尼法其奥,科西嘉岛

Brassempouy　布拉桑普易,朗德省

Cap-Blanc　卡普-布朗

Caune de l' Arago　拉高纳·德·拉加戈山洞,东比利牛斯山的陶塔维尔(Tautavel)镇

Cave cooperative de Saint-Thibery　圣-蒂贝利洞穴,埃罗省

Chancelade　商瑟拉德

Chapelle-aux-Saints　沙贝勒奥散洞穴,科雷兹省

Chateauneuf-les-Martigues　马尔提格新城,普罗旺斯地区

Chauvet　苟维,阿尔代什峡谷

Combe-Capelle　孔布-加博尔

Curacchiahiu　居拉加修,科西嘉岛

Cuzoul de Gramat　库如尔·德·格拉马

Enlène　恩来纳山洞,阿里埃日省

Esauicho-Grapaou　埃斯齐苏-各拉巴乌,加尔东(Gardon)峡谷

Eyzies　埃伊洞穴

Fontbregoua　封布莱古阿,普罗旺斯

Grimaldi　格里马迪

Höedic　豪侬第克,布列塔尼

Hortus　奥尔图洞穴,蒙彼利埃北部

Hoteaux　豪托,安(Ain)省

La Ferrassie　拉·菲拉西,多尔多涅地区,洒微涅克·杜·布各镇
(Savignac-du-Bugue)

La Moute　拉·穆特山洞

Lascaux　拉斯库岩洞

Lazaret　拉加莱,尼斯

le mont Bego　贝戈山,阿尔卑斯山地区,科尔比埃(Corbère)

Lespigue　莱斯皮格,上加龙省

Madeleine　玛德莱娜

Menez Dregan　莫内·德莱刚,布列塔尼

Menton　芒东

Moustier　牟斯梯埃山洞

Orgnac　奥涅克,阿尔代什省(Ardèche)

Placard　普拉卡尔

Ramandils　拉芒蒂尔洞穴,奥德省新门(Port-la-Nouvelle)

Renne　雷纳,荣纳省

Roaix,　豪艾克斯,沃克吕斯省

Rouquette　卢盖特,塔尔那省

Saint-Germain-la-Riviere　圣日耳曼河

Skhul　斯库尔山洞

Terre Amata　特拉·阿马塔,尼斯

Téviec　泰维克,布列塔尼

Touchereil　鲁色莱依

Vallonnet　瓦罗纳,普罗旺斯地区

Ventabran　旺塔布朗,罗讷河口省

Chasse　索恩鲁瓦尔省的莎塞遗址

瑞士
Jura　如拉
Veyrier　维利埃

白俄罗斯
Sounguir　松积尔

格鲁吉亚
Dmanisi　德马尼斯

阿塞拜疆
Azychy　阿积奇

克罗地亚
Sandalja　珊达尔加

乌兹别克斯坦
Teshik Tash　特什克·塔什

乌克兰
Molodova　莫洛托娃,第涅斯特勒河的右岸
Kostienki　考斯天齐

Avdeevo　阿微德夫

马扎里奇遗址

捷克

Stranska-Skala　斯特朗斯卡-斯卡拉

匈牙利

Vertesszolos　维尔特斯佐洛

中欧

Brno　布里诺

Predmost　普来德穆斯特

奥地利

La Marche　马尔什洞穴

Allaric　阿拉里克

意大利

Arene Candide　阿莱纳·刚第德

Ca'Belvedere di Monte Poggiolo　萨贝尔德尔

Calabre　卡拉布里亚

Guattari　瓜达里洞穴,西尔斯山(Circe)

Pineta　皮纳塔

Savignano　撒微那挪

西班牙

Cuartamentero　库阿尔塔芒特罗

Cueva Victoria　维克多利亚山洞

Hautes Terrasses du Roussillon　胡西雍高地

Levant　勒旺

San Gregori　圣·格利高里

德国

Ehringsdorf　俄任斯多夫

Karlich　卡尔利齐

Mauer　莫尔

Taubach　陶巴赫

希腊

Petralona　佩特拉洛纳

Cnossos　科诺索斯, 克里特岛

以色列

Qafzeh　恰夫热洞穴, 纳扎海特 (Nazareth)

近东

Amud　阿牟德

Tabun　塔班

Jarmo　加尔摩

Shanidar　莎尼达尔

Catal Huyuk　卡达尔·胡于克

Malaha　马拉哈,梯贝利雅得湖

Ubeidya　于贝加, Tiberiade 提贝利雅得

日本

Sendai　仙台

澳大利亚

Mungo　梅高

巴西

Toca de Esperança　埃斯佩兰萨的托加

人类神奇历程

MA=百万年

6月25日 05：00
"直立人"到达欧洲和亚洲 　1.3MA▶

5月12日 09：30
"直立人"在非洲出现

1.6MA▶

125000年 六月
1460000年 五月
1668000年 四月
1881000年 三月
2085000年 二月
2292000年 一月
2500000年

能人

1月1日 0：00
"能人"出现　2.5MA▶

基本营地
最早的工具 ｝概念思维
清晰的语言

一个月 = 208333年
一星期 = 48077年
一天 = 6888年
一小时 = 268年 + 62天
一分钟 = 4年 + 281天

史前人类的平均寿命 = 6分钟 + 20秒
现代人类的平均寿命 = 15分钟

日历表

1.2MA

7月9日
19:00 "直立人"到达胡西雍

8月14日24:00
◀0.95MA "直立人"在瓦罗纳山洞安家

9月20日19:00 大型食肉
◀0.7MA 动物的狩猎者在陶塔维尔的拉加戈山洞落户

◀0.65MA 9月27日24:00
毛尔人

10月27日07:00
陶塔维尔人
45万年前

11月3日14:30
特拉·阿马塔人
开始使用火

12月12日23:30
"直立人"在拉加莱山洞
搭起了第一个棚屋

12月14日12:00 "尼安
德特人"和"古典智人"出现

12月18日20:30
人类埋葬死者

12月26日22:30
"克罗马农人"出现
人类发明艺术

12月30日17:00
开始定居、蓄养动物、农业出现

12月31日
03:00 发明金属制造
10:00 发明文字
23:55 征服月球

直立人

1045000年

836000年

628000年

416000年

208000年

七月
八月
九月
十月
十一月
十二月

尼安德特人
晚期智人

1992

图书在版编目(CIP)数据

人之初:人类的史前史、进化与文化/(法)伦默莱著;
李国强译.—北京:商务印书馆,2021
(当代法国思想文化译丛)
ISBN 978 - 7 - 100 - 19450 - 1

Ⅰ.①人… Ⅱ.①伦…②李… Ⅲ.①人类进化
Ⅳ.①Q981.1

中国版本图书馆 CIP 数据核字(2021)第 025313 号

当代法国思想文化译丛
人 之 初
——人类的史前史、进化与文化
〔法〕伦默莱 著
李国强 译

商 务 印 书 馆 出 版
(北京王府井大街 36 号 邮政编码 100710)
商 务 印 书 馆 发 行
北京艺辉伊航图文有限公司印刷
ISBN 978 - 7 - 100 - 19450 - 1

2021 年 4 月第 1 版　　　开本 880×1230 1/32
2021 年 4 月北京第 1 次印刷　印张 5⅝ 插页 4
定价:28.00 元